山地掉层建筑结构地震破坏模式与控制

李英民 刘立平 韩 军 著

科学出版社

北 京

内 容 简 介

本书采用理论分析、数值模拟、拟静力试验和振动台试验相结合的方法，系统地研究山地掉层结构在地震作用下的受力特点、破坏特征、破坏模式和不同控制措施的有效性，揭示掉层建筑结构在地震作用下的破坏机理，对提升掉层建筑结构抗震性能具有重要的理论和工程应用价值。本书共9章，第1章为绪论；第2～5章研究山地掉层建筑结构的地震破坏模式，第6～9章研究山地掉层建筑结构的地震破坏模式控制。

本书基于丰富的试验数据，结合大量的理论与数值模拟分析成果，为读者理解掉层建筑结构的破坏模式与破坏模式控制提供了基础，可供从事结构工程抗震的研究人员和设计人员，以及高等院校相关专业的师生参考。

图书在版编目（CIP）数据

山地掉层建筑结构地震破坏模式与控制 / 李英民，刘立平，韩军著.
—北京：科学出版社，2023.9
ISBN 978-7-03-076381-5

Ⅰ.①山… Ⅱ.①李… ②刘… ③韩… Ⅲ.①建筑结构-抗震结构-研究
Ⅳ.①TU352.11

中国国家版本馆 CIP 数据核字（2023）第 181309 号

责任编辑：任加林 / 责任校对：王万红
责任印制：吕春珉 / 封面设计：耕者设计工作室

科学出版社 出版

北京东黄城根北街 16 号
邮政编码：100717
http://www.sciencep.com

北京九州迅驰传媒文化有限公司 印刷
科学出版社发行　各地新华书店经销
*

2023 年 9 月第 一 版　　开本：787×1092　1/16
2023 年 9 月第一次印刷　　印张：13 3/4
字数：308 000

定价：122.00 元

前　言

山地城镇依山而建，形成了具有山地特色的建筑群。山地掉层建筑结构因其能很好地契合地形，减少环境扰动而被广泛应用，但不等高基础嵌固端的存在，使得其受力变形特点、响应特征、破坏模式有别于常规建筑结构。掌握掉层建筑结构在地震作用下的破坏模式是提高该类结构抗震性能、减少人员伤亡和财产损失、合理化结构设计的理论基础。合理有效的破坏控制是改善掉层结构抗震性能的有力手段。目前国内外还没有全面分析山地掉层结构的破坏模式和破坏模式控制研究的著作，地震作用下结构破坏模式和控制研究的不足已成为限制山地掉层结构抗震设计理论发展的主要因素之一。在此背景下，我们撰写了本书。

本书共9章。第1章介绍研究背景和山地掉层结构的研究现状。第2~5章研究山地掉层建筑结构的地震破坏模式。其中，第2章基于理论方法研究掉层建筑结构的地震响应特点及其弹性动力反应规律。第3~5章分别基于拟静力试验、振动台试验和数值模拟，研究掉层钢筋混凝土框架结构的地震响应特征、破坏模式和影响规律，揭示山地掉层建筑结构的地震破坏机理，提出山地掉层建筑结构的地震破坏模式。第6~9章研究山地掉层建筑结构的地震破坏模式控制。其中，第6章基于数值模拟、拟静力试验和振动台试验，研究设置水平接地构件对山地掉层建筑结构地震破坏模式控制的有效性。第7章采用理论和数值模拟方法研究不同支撑布置对掉层框架地震响应的影响规律，并通过拟静力试验研究布置支撑对掉层框架地震破坏模式的影响。第8章采用振动台试验研究接地柱增强配筋对山地掉层建筑结构地震破坏的影响及规律。第9章采用振动台试验研究上接地柱底部设置滑动支座对山地掉层建筑结构地震破坏的影响。

本书部分成果分别获得了国家自然科学基金重点项目（项目编号：51638002）和国家自然科学基金面上项目（项目编号：51878101）的资助，作者表示衷心感谢。唐洋洋博士、李瑞锋博士参与了本书的资料整理、文字修改和绘图工作，在此一并表示感谢。

由于水平有限，书中疏漏之处在所难免，敬请批评指正。

著　者

2022 年 12 月

于重庆大学

目　　录

第1章 绪 论

1.1 研 究 意 义

在山地建筑的设计中，起伏、倾斜的山地地形常常使得结构出现多个接地面，这类结构被称为山地建筑结构。在生存空间日益严峻、生态化需求日益提高的形势下，建筑活动的因地制宜、可持续发展成为必然趋势，且随着深入推进新型城镇化的发展，山地建筑结构的建设将越发广泛。山地建筑的结构形态取决于其所依赖的山地环境，在设计中尽可能与山地地形相协调，减少工程土石方填挖量。这种设计理念不仅降低了地基处理的成本，更能体现出建筑的独特风格[1-5]，如图1.1所示。

（a）重庆江北嘴中央商务区（拍摄：姜宝龙，唐洋洋）　　　　　　（b）世茂深坑酒店[1]

（c）中央美院青岛创业中心[4]

图1.1　山地建筑结构

山地建筑结构的重要特征是不等高的基础嵌固，即基础嵌固端不在同一水平面上且不能简化为同一水平面，这将造成结构刚度在竖向和横向平面分布的不均匀，从而影响结构的动力响应。根据基础接地形式的不同，山地建筑结构可划分为掉层、吊脚、附崖和连崖 4 种基本形式[6]，而掉层框架结构是目前研究最为广泛的山地建筑结构形式。掉层框架结构的基本形式及常用术语如图 1.2 所示。

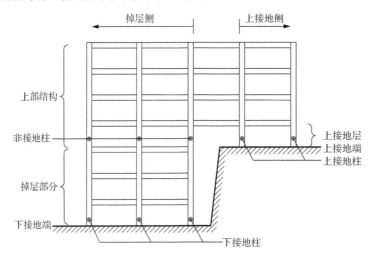

图 1.2　掉层框架结构的基本形式及常用术语

不等高基础嵌固端的存在，使得山地掉层建筑结构的计算模型不同于基础等高接地的常规建筑结构，造成了结构受力变形特点、动力响应特征与常规建筑结构的不同，如图 1.3 所示。同时，这也引发了结构抗震性能设计中概念设计、抗震计算及抗震构造措施等方面的各种问题[6]。

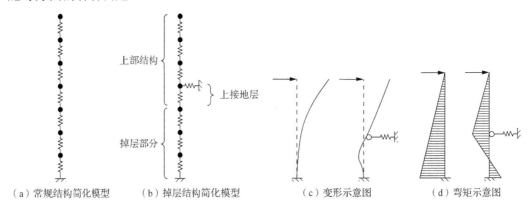

（a）常规结构简化模型　　（b）掉层结构简化模型　　（c）变形示意图　　（d）弯矩示意图

图 1.3　结构的简化模型及受力变形示意图

以往，人们并未重视此类结构地震响应特征及破坏机理与常规结构的差异，常采用适用于常规建筑结构有关的设计规范，并根据经验进行加强的方法来进行山地建筑结构的设计，但在近年来发生的汶川地震、锡金（Sikkim）地震中，均发现了不同于常规建筑结构的山地建筑结构震害特征[7-8]：①接地部位的震害重于上部结构；②扭转效应显著；③边坡变形对建筑物影响不可忽略等。这些特殊的震害特征引起了国内外学者对山地建筑结构的关注，并开始重视对山地建筑结构及其抗震设计的相关研究。

山地建筑结构地震破坏机理是该类结构地震破坏的原因，是山地建筑结构抗震设计的基础。只有全面系统地掌握山地建筑结构破坏机理以及影响规律，才能有的放矢地采用合适的抗震措施提高山地建筑结构的抗震性能，实现破坏模式的合理可控。

1.2 研究背景

不同基础接地端的存在造成掉层结构独特的结构形式和传力机制，从而对其动力特性和受力变形特征产生影响，导致结构地震响应及破坏特征的特殊性。

在线弹性反应阶段，赵耀[9]在 SAP2000 中采用 Link 单元直接建立简化模型，通过改变结构刚度、质量、楼层等，探究不同因素对结构顺坡向动力特性的影响，提出应注意高阶振型对掉层部分的影响。基于此研究结果，吴茜玲等[10]对振型分解法的振型截断控制提出改进建议。杨佑发等[11]研究了场地土质对掉层结构顺坡向框架频率和变形的影响规律，并与常规结构进行比较。Surana 等[12]分析了掉层结构动力特性及结构布置对楼层加速度需求的影响。对三维掉层钢筋混凝土（reinforced concrete，RC）框架与常规RC 框架模型的分析发现，三维掉层 RC 框架具有显著的扭转效应，掉层部分在两个方向的受力和变形均小于常规结构，上部结构的最大变形介于其对应的两个常规框架之间，受力与常规框架接近[13-14]。这些研究表明了掉层结构在动力特性、受力与变形、楼层加速度响应等动力反应方面与常规结构的不同。

在弹塑性反应阶段，对比退台、掉层-退台和掉层三种形式结构的地震响应发现，掉层结构的抗震性能相对更差，且扭转效应显著高于掉层-退台形式。Surana 等[13-14]对山地建筑结构的地震响应研究发现，该类结构主要破坏形式为短柱的剪切破坏，山地结构的地震承载力弱于常规结构，倒塌概率更高。陈淼[15]、徐刚等[16]、伍云天等[17]等对掉层顺坡向框架的抗倒塌能力的研究指出，掉层框架的上接地楼层柱率先发生破坏，其抗地震倒塌能力低于常规框架。这些研究均表明，上接地构件是地震作用时掉层结构的薄弱部位，且掉层形式对结构的抗震是不利的。杨佑发等[18]采用拆除构件法对平面掉层框架的抗连续倒塌进行研究，指出下接地层区域构件失效时，掉层框架的抗连续倒塌性能低于常规框架，掉层部分的破坏状态也不容忽视。

在结构的地震破坏机制方面，赵炜[19]从结构和构件层面对平面掉层 RC 框架的破坏部位、破坏顺序、破坏程度进行研究，指出破坏模式为"梁柱混合铰"，柱铰的损伤程度比梁铰大，上接地柱底最先出铰，梁铰多位于上部楼层，掉层部分比例大时，掉层底部将在上部楼层之后破坏。Xu 等[20]的研究也得到类似的结论，并指出上接地柱和掉层部分直接影响着结构的整体性能。徐军[21]采用改进的 Pushover 分析方法对平面掉层 RC框架的研究指出，掉层 RC 框架的地震破坏机制为典型的"半层屈服"，且框架柱在出铰顺序上表现出明显的"Z"字形特征。吴存雄[22]研究了地震作用下平面掉层 RC 框架上接地层各柱的内力分布与重分布规律。另外，学者们已研究了土-结相互作用[11, 23-24]、设置拉梁[25]、上接地支座形式[26-27]、延性影响因素[28-29]、地震动特性[30-31]、减隔震[32-33]、摇摆墙[34]等因素对平面掉层 RC 框架破坏机制的影响。

对三维掉层 RC 框架，研究侧重于平面框架和三维框架的差异性，唐显波[35]的研究表明，单、双向地震作用下三维掉层 RC 框架顺坡向的破坏模式与平面 RC 框架一致，均为典型的"梁柱铰"混合机制。高艳纳[36]对构件损伤指数的研究则表明，平面 RC 框架中梁的损伤指数普遍大于柱，认为平面掉层 RC 框架形成"强柱弱梁"破坏，而三维掉层 RC 框架中梁的损伤指数增大，将表现为"强梁弱柱"破坏形态。在三维掉层结构地震响应规律和破坏机制方面的研究有限，张辉[37]的研究给出了多层和高层掉层 RC 框架结构横坡向的钢筋应力分布图，并沿顺坡向和横坡向对掉层 RC 框架进行地震作用，发现结构的塑性铰分布规律存在较大差异。

在试验研究方面，本书作者所在研究团队进行了多次拟静力试验和振动台试验。已开展了两榀掉层 RC 框架的拟静力试验[38-39]，分别研究了平面掉层 RC 框架的地震破坏机制，以及设置接地梁对掉层框架地震破坏机制的影响，验证了数值分析的结果。通过振动台试验[40-42]，对掉层 RC 框架结构的地震响应特征和破坏机理进行了研究，还研究了水平接地构件、配筋加强、滑动支座、刚度分布特征等的影响规律。张龙飞等[43]开展了掉层隔震 RC 框架结构的振动台试验，研究了设置隔震支座掉层 RC 框架结构的抗震性能和抗倾覆控制。

通过以上研究，我们对掉层 RC 框架结构顺坡向的地震响应规律和破坏机制有了一定程度的了解，同时也已意识到掉层结构横坡向的地震反应不同于顺坡向，且横坡向反应可能对顺坡向产生影响，平面模型分析难以得到准确的掉层结构地震响应结果。

1.3　主　要　内　容

本书以山地掉层钢筋混凝土框架结构为对象，研究其地震破坏模式和破坏模式控制。

第 2~5 章为山地掉层框架结构的地震破坏模式研究，采用理论分析、数值模拟分析、拟静力试验和振动台试验研究该类山地建筑结构在地震作用下的破坏特征，揭示其地震破坏机理和破坏模式。

第 6~9 章为山地掉层框架结构的地震破坏模式控制研究，对提出的设置水平接地构件、掉层刚度加强、抗侧力构件承载力加强、上接地抗侧力构件约束放松等控制措施，采用数值模拟、拟静力试验、振动台试验等研究其控制效果及有效性。

本书的研究成果有助于系统了解山地掉层结构的抗震性态，可为山地掉层结构的抗震设计方法提供理论依据。基于山地掉层结构的地震破坏特征和破坏机理，从不同角度提出的控制措施，充实了山地掉层结构的抗震措施研究，完善了山地掉层结构抗震设计理论和实用化方法，为其合理设计提供基础。

第 2 章　山地掉层建筑结构弹性地震响应特征

底部竖向构件不等高约束的特殊情况使得山地掉层建筑结构的地震响应特征和破坏机制均不同于基础等高接地的常规结构。基于理论分析，本章将对山地掉层建筑结构的地震响应特征进行分析。

2.1　基本力学特点

掉层建筑结构的变形特征与结构刚度和质量分布有关，以一简单掉层框架为例，分析该框架的受力和变形特征。

简单掉层框架为掉 1 层 1 跨的 2 层 3 跨结构，如图 2.1（a）所示。假设楼板满足刚性楼板假定，将各层质量等效为单个质点，并将上接地柱简化为上接地楼层的侧向约束，则得到了简单掉层框架的 2 自由度剪切模型［图 2.1（b）］。

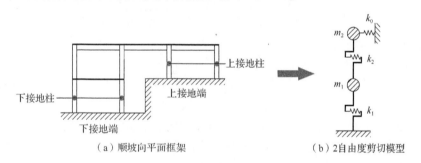

（a）顺坡向平面框架　　　　　　（b）2自由度剪切模型

图 2.1　简单掉层框架顺坡向简化模型示意图

图 2.1（b）中 m_1 和 k_1 分别表示掉层部分的楼层质量和抗侧刚度，当 $k_1 \to \infty$ 时，掉层结构则转变为嵌固端为上接地端的平地结构；m_2 表示上接地楼层的质量，k_2 和 k_0 分别为上接地楼层中非接地柱和接地柱的抗侧刚度，当 $k_0 \to 0$ 时，掉层结构转变为嵌固端为下接地端的平地结构。

为初步分析掉层结构内力分布和变形特点，以简化模型为基础，将水平地震作用以静力荷载的形式分别加载到模型不同质点。

2.1.1　当水平力作用在上部结构时

如图 2.2 所示，简化模型为一次超静定结构，将去除侧向约束的结构作为力法基本结构，侧向弹簧的反力 V_0 为未知力，假设位移与作用力方向相同时取正。采用基于质点 2 的位移条件建立力法基本方程得

$$\Delta_{2P} + \Delta_{20} = \Delta_0 \tag{2.1}$$

式中，Δ_{2P} 为力法基本结构在外荷载 F 单独作用下质点 2 产生的位移；Δ_{20} 为基本结构在未知力 V_0 作用下质点 2 产生的位移；Δ_0 为质点 2 发生的位移，同时也为上接地柱的层间位移，可表示为上接地柱剪力与抗侧刚度比值，即 V_0/k_0。Δ_{2P} 和 Δ_{20} 分别表示为

$$\Delta_{2P}=\frac{F}{k_1}+\frac{F}{k_2}, \quad \Delta_{20}=-\left(\frac{V_0}{k_1}+\frac{V_0}{k_2}\right) \tag{2.2}$$

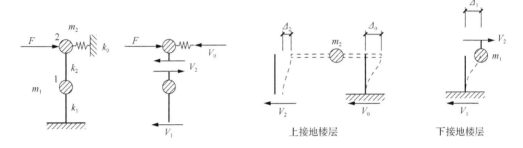

图 2.2　水平力作用于质点 2 时模型的受力变形特征

将式（2.2）代入式（2.1）可求解结构的内力为

$$V_0=F\frac{k_0k_1+k_0k_2}{k_0k_1+k_0k_2+k_1k_2}, \quad V_2=V_1=F\frac{k_1k_2}{k_0k_1+k_0k_2+k_1k_2} \tag{2.3}$$

则上接地楼层层内剪力分布规律为

$$\frac{V_2}{V_0}=\frac{k_1k_2}{k_0k_1+k_0k_2}=\frac{\dfrac{k_1k_2}{k_1+k_2}}{k_0} \tag{2.4}$$

由式（2.4）可知，上部结构传递的剪力在上接地楼层并未按照柱抗侧刚度进行分配，该层剪力分配原则与上接地柱、掉层部分结构，以及上接地层非接地柱的相对抗侧刚度有关。层间水平位移分别为

$$\begin{cases} \Delta_0=\dfrac{V_0}{k_0}=F\dfrac{k_1+k_2}{k_0k_1+k_0k_2+k_1k_2} \\[3mm] \Delta_2=\dfrac{V_2}{k_2}=F\dfrac{k_1}{k_0k_1+k_0k_2+k_1k_2} \\[3mm] \Delta_1=\dfrac{V_1}{k_1}=F\dfrac{k_2}{k_0k_1+k_0k_2+k_1k_2} \end{cases} \tag{2.5}$$

式中，Δ_0 为上接地楼层接地柱的相对侧移；Δ_1 为代表下接地楼层的相对侧移；Δ_2 为上接地楼层非接地柱的相对侧移（图 2.2）。

由于式（2.5）中刚度均为正值，总有 $\Delta_0>\Delta_2$ 和 $\Delta_0>\Delta_1$，说明当水平力作用在上接地楼层或上部楼层结构时，上接地柱的相对侧移总是大于同层非接地柱的相对侧移以及掉层部分相对侧移。产生该现象的原因：由于掉层部分的存在，导致同层柱的约束程度不同，部分水平力传递至掉层部分，致使掉层部分发生与水平力同向的位移。

2.1.2　当水平力作用在掉层部分时

如图 2.3 所示，分析过程同上，建立力法基本方程可得到结构内力为

$$\begin{cases} V_0 = -V_2 = F \dfrac{k_0 k_2}{k_0 k_1 + k_0 k_2 + k_1 k_2} \\[3mm] V_1 = F \dfrac{k_0 k_1 + k_1 k_2}{k_0 k_1 + k_0 k_2 + k_1 k_2} \end{cases} \tag{2.6}$$

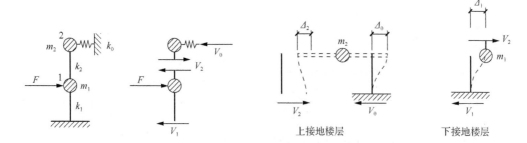

图 2.3　水平力作用下简化模型受力变形特征

由式（2.6）可知，当水平力作用在掉层部分时，上接地楼层接地柱和非接地柱会产生大小相等、方向相反的剪力。此时，层间水平位移分别为

$$\begin{cases} \Delta_0 = \dfrac{V_0}{k_0} = F \dfrac{k_2}{k_0 k_1 + k_0 k_2 + k_1 k_2} \\[3mm] \Delta_2 = \dfrac{V_2}{k_2} = F \dfrac{-k_0}{k_0 k_1 + k_0 k_2 + k_1 k_2} \\[3mm] \Delta_1 = \dfrac{V_1}{k_1} = F \dfrac{k_0 + k_2}{k_0 k_1 + k_0 k_2 + k_1 k_2} \end{cases} \tag{2.7}$$

由式（2.7）可知，Δ_0 和 Δ_2 符号不同，上接地楼层不同约束程度的抗侧力构件产生了不同方向的相对侧移（图 2.2）。产生该现象的原因：由于上接地柱的存在，结构形成不等高接地，部分水平力传递至上接地柱，致使上接地柱发生同向位移，同时，上接地层非接地柱发生反向位移。

此外，式（2.7）中总有 $\Delta_1 > \Delta_0$，说明当水平力作用在掉层部分楼层时，掉层部分的相对侧移大于上接地柱的相对侧移。

2.1.3　掉层部分与上部结构的地震惯性力

由上述分析可知，掉层结构各部分受力和变形均与水平力有关，作用在掉层部分的水平力越大，掉层部分越易率先屈服。本节采用第一阶振型对应的地震惯性力表征作用在掉层部分和上部结构水平力的大小，令作用在掉层部分楼层的集中力为 F_1，作用在上接地楼层的集中力为 F_2，则作用在结构上的地震惯性力 F_i 可表示为

$$F_i = m_i \phi_{1i} \tag{2.8}$$

式中，m_i 和 ϕ_{1i} 分别为第 i 层质量和第 i 层第一阶振型对应的位移。

对于上文的 2 自由度剪切模型，建立动力特征方程，质量矩阵 $\boldsymbol{K}$ 和刚度矩阵 $\boldsymbol{M}$ 分别为

$$\boldsymbol{K} = \begin{bmatrix} k_1 + k_2 & -k_2 \\ -k_2 & k_2 + k_0 \end{bmatrix}, \quad \boldsymbol{M} = \begin{bmatrix} m_1 & 0 \\ 0 & m_2 \end{bmatrix}$$

求解动力特征方程 $(\boldsymbol{K} - \omega^2 \boldsymbol{M})\{\phi\} = 0$，第一阶自振频率的平方为

$$\begin{aligned} \omega^2 &= \frac{1}{2}\left(\frac{k_1 + k_2}{m_1} + \frac{k_0 + k_2}{m_2}\right) - \sqrt{\left[\frac{1}{2}\left(\frac{k_1 + k_2}{m_1} + \frac{k_0 + k_2}{m_2}\right)\right]^2 - \frac{(k_1 + k_2)(k_0 + k_2) - k_2^2}{m_1 m_2}} \\ &= \frac{1}{2m_1 m_2}\Big\{(k_1 + k_2)m_2 + (k_0 + k_2)m_1 \\ &\quad - \sqrt{\left[(k_1 + k_2)m_2 + (k_0 + k_2)m_1\right]^2 - 4m_1 m_2\left[(k_1 + k_2)(k_0 + k_2) - k_2^2\right]}\Big\} \end{aligned} \tag{2.9}$$

假设上部结构质点 m_2 的第一阶振型位移 $\phi_{12} = 1$，掉层部分质点 m_1 的第一阶振型位移 ϕ_{11} 为

$$\begin{aligned} \phi_{11} &= \frac{k_0 + k_2}{k_2} - \frac{1}{2m_1 k_2}\Big\{(k_1 + k_2)m_2 + (k_0 + k_2)m_1 \\ &\quad - \sqrt{\left[(k_1 + k_2)m_2 + (k_0 + k_2)m_1\right]^2 - 4m_1 m_2\left[(k_1 + k_2)(k_0 + k_2) - k_2^2\right]}\Big\} \end{aligned} \tag{2.10}$$

则作用在掉层部分和上部结构的地震惯性力比 r_3 为

$$\begin{aligned} r_3 &= \frac{F_1}{F_2} = \frac{m_1}{m_2}\frac{k_0 + k_2}{k_2} - \frac{1}{2m_2 k_2}\Big\{(k_1 + k_2)m_2 + (k_0 + k_2)m_1 \\ &\quad - \sqrt{\left[(k_1 + k_2)m_2 + (k_0 + k_2)m_1\right]^2 - 4m_1 m_2\left[(k_1 + k_2)(k_0 + k_2) - k_2^2\right]}\Big\} \end{aligned} \tag{2.11}$$

将式（2.9）代入式（2.11），地震惯性力比 r_3 可采用结构自振频率表示为

$$r_3 = \frac{F_1}{F_2} = \frac{m_1}{m_2}\frac{k_0 + k_2}{k_2} - \frac{\omega^2 m_1}{k_2} = \frac{m_1}{k_2}\left(\frac{k_0 + k_2}{m_2} - \omega^2\right) \tag{2.12}$$

式中，$k_0 + k_2$ 和 m_2 分别为上部结构的刚度和质量，两者的比值则为上部结构的自振频率，即将掉层结构从上接地端水平线分开取隔离体，分别为上部结构和掉层部分结构，并将底部固定取各部分结构的自振频率，上部结构的自振频率的平方为 $\omega_{m_2}^2 = (k_0 + k_2)/m_2$，则地震惯性力比可写为

$$r_3 = \frac{F_1}{F_2} = \frac{m_1}{k_2}\left(\omega_{m_2}^2 - \omega^2\right) \tag{2.13}$$

由式（2.13）可知，作用在掉层部分和上部结构部分的地震惯性力比 r_3 除与 m_1 和 k_2 有关外，还与掉层结构自振频率 ω 和取隔离体后的上部结构自振频率 ω_{m_2} 有关。由于掉

层部分存在，上部结构自振频率 ω_{m_2} 始终大于掉层结构自振频率 ω。ω 与 ω_{m_2} 差异程度越大，作用在掉层部分的地震惯性力比例越大。

2.2　影　响　参　量

2.2.1　简化模型

对于典型的掉层结构，假定其掉层层数为 p 层，上接地端以上楼层为 q 层，总层数为 $p+q$ 的掉层框架，根据几何布置及以剪切变形为主的特点，将其等效简化为多自由度集中质量模型，如图 2.4 所示。

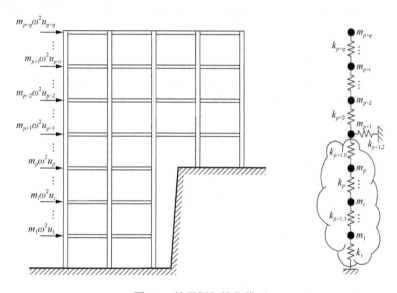

图 2.4　掉层框架简化模型

在该掉层结构中，假定 i 层侧向刚度为 k_i。对上接地层，即 $p+1$ 层，掉层侧的侧向刚度为 $k_{p+1,1}$，上接地侧的侧向刚度为 $k_{p+1,2}$，总侧向刚度 $k_{p+1}=k_{p+1,1}+k_{p+1,2}$。在水平外力作用下，掉层部分的变形削弱了上接地层掉层侧构件的底部约束，掉层侧构件在本层体现出的侧向刚度是其与掉层部分抗侧刚度串联的结果。基于王丽萍[44]提出的"等代柱"思想，掉层楼层及上接地层非接地部分的抗侧刚度 $k_{p+1,1}$ 可由式（2.14）计算，此时并未考虑掉层部分侧向力的影响。

$$k_{p+1,1}=\cfrac{1}{\cfrac{1}{k_1}+\cfrac{1}{k_2}+\cdots+\cfrac{1}{k_p}+\cfrac{1}{k_{p+1,0}}}=\cfrac{1}{\displaystyle\sum_{i=1}^{p}\cfrac{1}{k_i}+\cfrac{1}{k_{p+1,0}}} \qquad (2.14)$$

式中，$k_{p+1,0}$ 为不考虑掉层部分变形影响的上接地层非接地柱刚度。忽略阻尼影响，在某阶振型对应的水平地震作用时，结构各层的达朗贝尔（d'Alembert）的假想惯性力

$F = \left(F_1, F_2, \cdots, F_p, F_{p+1}, \cdots, F_{p+q} \right)$，对应的位移 $u = \left(u_0, u_1, u_2, \cdots, u_p, u_{p+1}, \cdots, u_{p+q} \right)$。其中第 i 层的惯性力 $F_i = m_i \omega^2 u_i$，m_i 为第 i 层的质量，ω 为该阶振型的圆频率，u_i 为第 i 层的变形，u_0 为下接地构件底部变形，且有 $u_0 = 0$。

2.2.2　影响因素

对图 2.4 所示的掉层结构，第 i 层的平衡方程如式（2.15）所示。

$$\begin{cases} k_2(u_2 - u_1) - k_1 a_1 + m_1 \omega^2 u_1 = 0, & i = 1 \\ k_{i+1}(u_{i+1} - u_i) - k_i(u_i - u_{i-1}) + m_i \omega^2 u_i = 0, & 1 < i < p \\ k_{p+1,1}(u_{p+1} - u_p) - k_p(u_p - u_{p-1}) + m_p \omega^2 u_p = 0, & i = p \\ k_{p+2}(u_{p+2} - u_{p+1}) - k_{p+1,1}(u_{p+1} - u_p) - k_{p+1,2} u_{p+1} + m_{p+1} \omega^2 u_{p+1} = 0, & i = p+1 \\ k_{i+1}(u_{i+1} - u_i) - k_i(u_i - u_{i-1}) + m_i \omega^2 u_i = 0, & p+1 < i < p+q \\ -k_{p+q}(u_{p+q} - u_{p+q-1}) + m_{p+q} \omega^2 u_{p+q} = 0, & i = p+q \end{cases} \tag{2.15}$$

式（2.15）可写作结构的特征方程 $\det \left| \boldsymbol{K} - \omega^2 \boldsymbol{M} \right| = 0$，其中质量矩阵 $\boldsymbol{M}$ 和刚度矩阵 $\boldsymbol{K}$ 分别为

$$\boldsymbol{M} = \begin{bmatrix} m_1 & & & & & & & \\ & m_2 & & & & & & \\ & & \ddots & & & & & \\ & & & m_p & & & & \\ & & & & m_{p+1} & & & \\ & & & & & m_{p+2} & & \\ & & & & & & \ddots & \\ & & & & & & & m_{p+q} \end{bmatrix} \tag{2.16}$$

$$\boldsymbol{K} = \begin{bmatrix} k_1 + k_2 & -k_2 & & & & & \\ -k_2 & k_2 + k_3 & -k_3 & & & & \\ & & \ddots & & & & \\ & & -k_p & k_p + k_{p+1,1} & -k_{p+1,1} & & \\ & & & -k_{p+1,1} & k_{p+1} + k_{p+2} & -k_{p+2} & \\ & & & & -k_{p+2} & k_{p+2} + k_{p+3} & -k_{p+3} \\ & & & & & & \ddots \\ & & & & & & -k_{p+q} & k_{p+q} \end{bmatrix} \tag{2.17}$$

应注意到，在掉层顶层 p 层及上接地层 $p+1$ 层，上接地层非接地构件刚度为 $k_{p+1,1}$。为探索影响结构动力响应的参量，对式（2.15）进行整理，有

$$\begin{cases}
0 = u_1 W_1 - \dfrac{k_2}{k_1} u_2, & i=1 \\[3mm]
u_{i-1} = u_i W_i - \dfrac{k_{i+1}}{k_i} u_{i+1}, & 1 < i < p \\[3mm]
u_{p-1} = u_p W_p - \dfrac{k_{p+1,1}}{k_p} u_{p+1}, & i = p \\[3mm]
u_p = u_{p+1} W_{p+1} - \dfrac{k_{p+2}}{k_{p+1,1}} u_{p+2}, & i = p+1 \\[3mm]
u_{i-1} = u_i W_i - \dfrac{k_{i+1}}{k_i} u_{i+1}, & p+1 < i < p+q \\[3mm]
u_{p+q-1} = u_{p+q} W_{p+q}, & i = p+q
\end{cases} \tag{2.18}$$

式中，W_i 是与结构各层的刚度比、质量与刚度之比相关的量，其表达式为

$$W_i = \begin{cases}
1 + \dfrac{k_{i+1}}{k_i} - \dfrac{m_i \omega^2}{k_i}, & 1 \leqslant i < p \\[3mm]
1 + \dfrac{k_{p+1,1}}{k_p} - \dfrac{m_p \omega^2}{k_p}, & i = p \\[3mm]
\dfrac{k_{p+1}}{k_{p+1,1}} + \dfrac{k_{p+2}}{k_{p+1,1}} - \dfrac{m_{p+1} \omega^2}{k_{p+1,1}}, & i = p+1 \\[3mm]
1 + \dfrac{k_{i+1}}{k_i} - \dfrac{m_i \omega^2}{k_i}, & p+1 < i < p+q \\[3mm]
1 - \dfrac{m_{p+q} \omega^2}{k_{p+q}}, & i = p+q
\end{cases} \tag{2.19}$$

令顶点位移 $u_{p+q} = 1$，由式（2.18）依次推导求得各层位移为

$$\begin{cases}
u_{p+q} = 1 \\[2mm]
u_{p+q-1} = W_{p+q} \\[2mm]
u_{p+q-2} = W_{p+q} W_{p+q-1} - \dfrac{k_{p+q}}{k_{p+q-1}} \\[3mm]
u_{p+q-3} = W_{p+q} W_{p+q-1} W_{p+q-2} - \left(\dfrac{k_{p+q}}{k_{p+q-1}} W_{p+q-2} + \dfrac{k_{p+q-1}}{k_{p+q-2}} W_{p+q} \right) \\[4mm]
u_{p+q-4} = W_{p+q} W_{p+q-1} W_{p+q-2} W_{p+q-3} - \left(\dfrac{k_{p+q}}{k_{p+q-1}} W_{p+q-2} W_{p+q-3} + \dfrac{k_{p+q-1}}{k_{p+q-2}} W_{p+q} W_{p+q-3} \right. \\[4mm]
\qquad\qquad \left. + \dfrac{k_{p+q-2}}{k_{p+q-3}} W_{p+q} W_{p+q-1} \right) + \dfrac{k_{p+q}}{k_{p+q-1}} \dfrac{k_{p+q-2}}{k_{p+q-3}} \\[4mm]
\cdots\cdots
\end{cases} \tag{2.20}$$

式（2.20）中各表达式存在以下规律：

（1）楼层位移 u_i 的表达式包括了下标为 $i+1$ 至 $p+q$ 的所有 k 与 W 项。

（2）表达式的各部分依次可写为：各 W 项相乘，1 个相邻上下层 k 项之比 k_{ii}/k_{ii-1}（$i+2 \leqslant ii \leqslant p+q$）与剩余 W 项的乘积，2 个相邻上下层 k 项之比 $(k_{ii}/k_{ii-1})(k_{jj}/k_{jj-1})$（$i+4 \leqslant ii \leqslant p+q, i+2 \leqslant jj < ii-1$）与剩余 W 项乘积，以此类推（如果存在剩余 W 项）。其中，k 项之比中的上接地层刚度为其掉层侧刚度 $k_{p+1,1}$。

（3）各项为正负号交替。依据此规律可写出任意层的位移表达式。

通过式（2.20）及其规律分析，可确定掉层结构动力特性及弹性反应的影响参量。为研究掉层框架结构特有的参数影响规律，对结构上接地层以上楼层，将层数 $q-1$、质量与刚度比 m_i/k_i、相邻楼层刚度比 k_i/k_{i+1} 取为定值，以排除上部结构的影响，仅改变掉层部分及上接地层，涉及的参量如下所述。

（1）掉层部分层数 p。

（2）上接地层及掉层楼层的质量与刚度之比 m_i/k_i。

（3）上接地层与相邻上层的刚度比 k_{p+1}/k_{p+2}。

（4）上接地层的非接地部分与上接地层的刚度比 $k_{p+1,1}/k_{p+1}$。

（5）上接地层非接地部分与相邻上层的刚度比 $k_{p+1,1}/k_{p+2}$。

（6）上接地层总质量与非接地部分刚度比 $m_{p+1}/k_{p+1,1}$。

应注意到，参量（5）、参量（6）的取值可由参量（1）～参量（4）的值决定，并非独立的参量。

2.2.3 刚度分布指标

基于 2.2.2 节的分析，上接地层和掉层部分的刚度分布情况将影响掉层结构的动力响应。在目前的研究中，研究人员已提出了不同的指标衡量其刚度分布。

1. 刚度双控

王丽萍等[7]提出了刚度双控的思想，即将 2.2.2 节参量（3）、参量（4）分别定义为层刚度比 r_c 和层内刚度比 r_n。并建议 r_c 不应小于 0.5。当 $r_c \geqslant 0.5$ 时，可采用式（2.21）判断结构薄弱层的位置，并对薄弱层的地震力乘以 1.15 的增大系数进行配筋设计。

$$\begin{cases} r_n < 0.7 \text{ 时，薄弱层位于上接地 1 层} \\ r_n \geqslant 0.7 \text{ 时，薄弱层位于上接地 1、2 层} \end{cases} \tag{2.21}$$

该指标较有关规范指标更具针对性，能较为准确地找出掉层框架结构的抗震设计薄弱层位置，但对掉层框架结构而言，掉层部分层数 p、抗侧刚度 k_i（$i=1,2,\cdots,p$）、上接地层非接地柱抗侧刚度 $k_{p+1,0}$ 和上接地柱抗侧刚度 $k_{p+1,2}$ 将共同控制掉层框架结构上接地层的层刚度与层内刚度。影响因素过多，层刚度比和层内刚度比的值难以与结构的刚度分布一一对应，指定刚度比值的结构对应的动力响应难以确定，若需进一步了解结构地震响应特征、薄弱层内构件的内力分配与传力机制则需另行分析计算。

2. 上接地平均刚度比

结合掉层框架结构下部楼层构件内力按刚度分配的基本原则，在层内刚度比的思想基础上，通过引入归一化的思想，对上接地刚度和下部楼层总刚度分别除以上接地柱的数量和上接地层柱的总数，得到上接地层构件的平均侧向刚度比指标（简称"上接地平均刚度比"），即

$$\bar{\gamma}_{\mathrm{uh}} = \frac{k_{p+1,2} / (n_{\mathrm{ub}} + 1)}{k_{p+1} / (n_{\mathrm{b}} + 1)} \tag{2.22}$$

式中，n_{b} 为结构总跨数；n_{ub} 为上接地跨数。

下部楼层总刚度 k_{p+1} 为上接地部分刚度 $k_{p+1,2}$ 和掉层部分刚度 $k_{p+1,1}$ 之和，故式（2.22）又可写为

$$\bar{\gamma}_{\mathrm{uh}} = \frac{k_{p+1,2}}{\left(k_{p+1,1} + k_{p+1,2}\right)} \cdot \frac{(n_{\mathrm{b}} + 1)}{(n_{\mathrm{ub}} + 1)} \tag{2.23}$$

上接地平均刚度比可反映下部楼层竖向抗侧力构件间的刚度分配集中程度，而同层内竖向抗侧力构件的侧向刚度占比往往与该构件分得的楼层剪力占比呈近似正比关系，剪力越大的构件往往率先发生屈服，损坏也最为严重，故构件平均刚度比可在一定程度上体现出结构的破坏机制。

3. 名义刚度比

可将上接地层及掉层部分拆分为上接地层掉层侧、上接地层接地侧和掉层三个部分。对层模型，掉层部分层数将影响结构该部分的质点数，从而影响其动力特性，因此需要单独考虑掉层部分层数的影响。假定掉层各层的构件布置相同，为简化分析，提出名义刚度比的定义以表征结构刚度分布。

名义层刚度比用 γ_{above} 表示，该指标用以表征上接地层与相邻上层的总刚度分布特征。

名义层内刚度比用 γ_{intra} 表示，用于表征上接地层内掉层侧抗侧刚度与总刚度（$k_{p+1,0} + k_{p+1,2}$）的关系。

名义掉层刚度比用 γ_{below} 表示，该指标用于表征掉层部分对上接地层非接地构件的约束程度。

名义刚度比的计算见式（2.24）～式（2.26）。上述公式中各刚度如图 2.5 所示，其中 k_p 为掉层部分顶层的侧向刚度，$k_{p+1,0}$ 为上接地层非接地构件的侧向刚度，$k_{p+1,2}$ 为上接地层接地构件的侧向刚度，k_{p+2} 为上接地层相邻上层的侧向刚度，此处刚度均采用 D 值法计算。

$$\gamma_{\mathrm{below}} = \frac{k_p}{k_{p+1,0}} \tag{2.24}$$

$$\gamma_{\mathrm{intra}} = \frac{k_{p+1,0}}{k_{p+1,0} + k_{p+1,2}} \tag{2.25}$$

$$\gamma_{\text{above}} = \frac{k_{p+1,0} + k_{p+1,2}}{k_{p+2}}$$ （2.26）

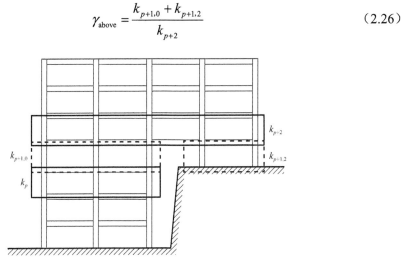

图 2.5   名义刚度比中各刚度示意

2.3   弹性动力反应规律

以名义刚度比为参量,研究掉层结构的弹性动力反应规律。

以上部楼层为 4 层的掉层框架层模型为基础模型,在上接地层以上楼层,质量 m_i 均为 $2.0 \times 10^5 \text{kg}$,抗侧刚度 k_i 均为 $2.5 \times 10^8 \text{N/m}$,调整结构上接地层及掉层部分的质量、刚度和掉层部分层数进行规律分析,分析中各参量的取值范围较实际偏大以考虑极端情况。

2.3.1   掉层部分质量的影响

对掉层部分层数为 2,γ_{above} 为 1.5,γ_{intra} 为 0.5,以及不同掉层部分刚度布置的框架,假定掉层部分各楼层的质量相同,分别取掉层部分各楼层质量与上接地层掉层侧的质量比 γ_{m},得到结构的动力特性、受力和变形结果。

对结构周期的分析可知,掉层部分楼层质量的变化主要影响以掉层楼层的振动为主的振型,而结构的 1 阶振型一般主要为上部楼层的振动,它受到的影响较小。

结构 1 阶振型的振型质量参与系数和对 1 层的剪力贡献系数如图 2.6 所示。由图 2.6（a）可知,$\gamma_{\text{below}} > 1$ 时,结构的 1 阶振型质量参与系数随 γ_{m} 的增大逐渐减小;$\gamma_{\text{below}} \leq 1$ 时,结构的 1 阶振型质量参与系数随 γ_{m} 的增大呈先减小后增大的趋势,且 γ_{below} 越小,1 阶振型质量参与系数增大的起始点对应的 γ_{m} 越小。

掉层部分楼层刚度和质量布置相同时,1 阶振型对 1 层和 2 层的剪力贡献系数规律相近。由图 2.6（b）可知,$\gamma_{\text{m}} < 2$,γ_{below} 的范围为 [0.5,4.0] 时,随掉层部分刚度的增大,1 阶振型对掉层楼层的剪力贡献均逐渐降低,此时高阶振型对掉层的剪力贡献增大。

$\gamma_m > 2$ 时，γ_{below} 取值的不同将会影响 1 阶振型对掉层楼层的剪力贡献系数：$\gamma_{below} \leqslant 1$ 时，剪力贡献系数随 γ_m 的增大而增大，且该趋势随 γ_{below} 的增大而减弱；$\gamma_{below} > 1$ 时则相反。

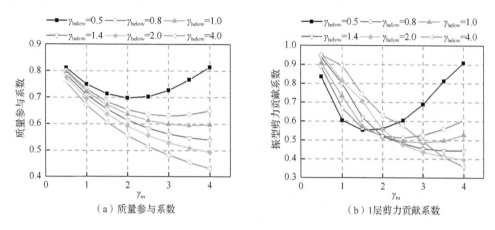

（a）质量参与系数　　　　　　　　　（b）1 层剪力贡献系数

图 2.6　结构 1 阶振型的振型反应

因此，掉层部分质量的增大将提高高阶振型的质量参与系数及对掉层楼层的剪力贡献系数，且应注意到，掉层部分刚度过小、质量过大时，1 阶振型对掉层楼层的振动起控制作用，高阶振型的贡献反而随质量增大呈减小趋势。

结构的最大位移在顶层，最大层间位移角则在 3 层或 4 层出现，结构的最大位移和层间位移角随掉层部分质量的变化规律如图 2.7 所示。由图 2.7 知，随掉层部分质量的增加，结构的最大位移及最大层间位移角均呈增大趋势，且掉层部分的刚度越小，该趋势越显著。其中 $\gamma_{below} = 2$ 且 $\gamma_m = 0.5$ 时，$\gamma_{below} = 4$ 且 $0.5 \leqslant \gamma_m \leqslant 2.5$ 时，最大层间位移角出现在 4 层，其余结构最大层间位移角在 3 层，表明掉层部分的刚度较大时，结构的最大层间位移角将向上部楼层转移。

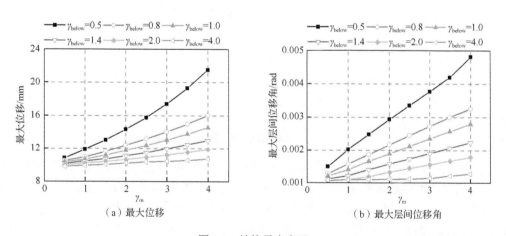

（a）最大位移　　　　　　　　　　（b）最大层间位移角

图 2.7　结构最大变形

2.3.2　掉层部分和上接地层层内刚度的影响

取 $\gamma_{\text{above}}=1.5$，掉层部分各楼层与上接地层掉层侧的质量比 γ_{m} 为 1，改变 γ_{below} 和 γ_{intra} 以达到调整上接地层内部刚度分布比例和掉层部分对上接地层掉层侧构件约束程度的目的。如图 2.8 所示，掉层部分和上接地层刚度分布的变化将影响结构的各阶周期，随掉层部分侧向刚度的增加，结构各阶周期均呈降低趋势，但规律不同。周期 T_1 随 γ_{below} 增加而降低的趋势随 γ_{intra} 增大而显著；周期 T_2 的降低则随 γ_{intra} 的增大呈减小的趋势；周期 T_3 在 $\gamma_{\text{intra}}=0.1$ 时，周期值随 γ_{below} 的增加先基本不变，之后快速减小，随 γ_{intra} 增大，周期 T_3 随 γ_{below} 增加而减小，且其趋势随 γ_{intra} 增大而显著。当 γ_{below} 达到一定值时，掉层部分侧向刚度的增加对周期的影响较小，此时结构上接地层掉层侧构件的底部约束较强。

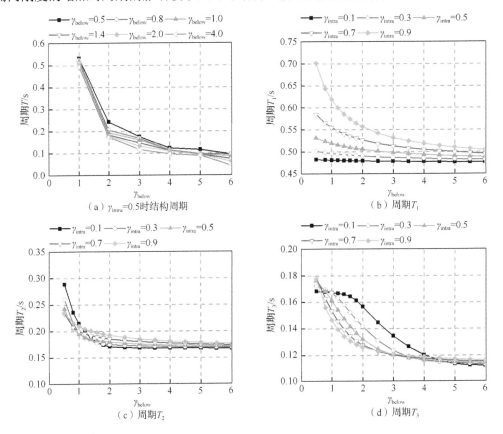

图 2.8　刚度变化时掉层结构顺坡向周期

结构的动力反应以第 1～3 阶振型的贡献为主，1 阶振型质量参与系数和前 3 阶振型对 1 层的剪力贡献系数如图 2.9 所示。可知随 γ_{below} 的增加，结构 1 阶振型的质量参与系数逐渐减小，且 γ_{intra} 越大，减小趋势越显著，高阶振型的质量参与系数相对增大；$\gamma_{\text{below}} \geqslant 2$ 时，1 阶振型质量参与系数 η_1 随 γ_{intra} 增大而减小，$\gamma_{\text{below}} < 2$，$\gamma_{\text{intra}} > 0.5$ 时，η_1 随 γ_{intra} 增大反而有增大趋势。

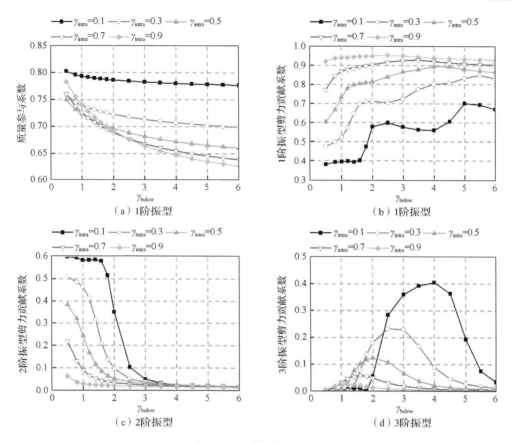

（a）1阶振型　　　　　　　　　　　（b）1阶振型

（c）2阶振型　　　　　　　　　　　（d）3阶振型

图 2.9　结构的振型反应

结构各阶振型对 1 层的剪力贡献系数随掉层部分刚度改变而变化的规律各不相同：随 γ_{below} 增大，1 阶振型剪力贡献系数呈增大趋势，在某一范围内增大显著，γ_{intra} 越大，该范围对应的 γ_{below} 值越小；γ_{below} 确定后，γ_{intra} 越大，1 阶振型的剪力贡献系数越大。2 阶振型剪力贡献系数随 γ_{below} 增加呈减小趋势，且在 $\gamma_{below} \geqslant 3$ 时，已降至较低状态，随 γ_{below} 增加基本保持不变；$\gamma_{below} < 3$ 时，γ_{intra} 越小，2 阶振型的剪力贡献系数越大。3 阶振型剪力贡献系数在 γ_{below} 位于某一区间时较大，且 γ_{intra} 越小，该区间的 γ_{below} 值越大，对应的 3 阶振型剪力贡献系数越大。

掉层结构掉层部分和上接地层的刚度分布对结构动力特性影响显著：掉层侧刚度比例较小时，结构第一周期的质量参与系数较大，相应地高阶振型的质量参与系数较小，且随掉层部分刚度的增强变化不大；掉层侧刚度比例较大时，高阶振型质量参与系数较大，且随掉层部分刚度的增加而增大。掉层侧刚度比例较小时，高阶振型对掉层部分的剪力贡献系数较大，且振型贡献系数与掉层部分的刚度相关；掉层侧刚度占比较大时，掉层结构的剪力贡献以 1 阶振型为主，且受掉层部分刚度变化的影响不大。

不同 γ_{below} 和 γ_{intra} 取值时，结构的整体变形情况如图 2.10 所示。由图 2.10 可知，无论 γ_{intra} 的取值大小，在 $\gamma_{below} \leqslant 2$ 时，结构掉层楼层和上部结构的变形随 γ_{below} 的减小均有明显增大，$\gamma_{below} > 2$ 时，结构变形随 γ_{below} 的增大变化不大。

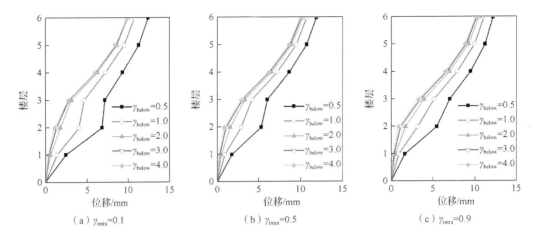

图 2.10 掉层结构顺坡向变形规律

结构的最大位移及层间位移角如图 2.11 所示。由图 2.11 可知，随 γ_{below} 的增加，结构的最大变形呈先下降，后基本不变的趋势，且 γ_{intra} 越大，最大变形趋于稳定时对应的 γ_{below} 值越大，不同 γ_{intra} 对应的最大变形接近；结构最大变形趋于稳定前，γ_{below} 为定值时，并非总是 γ_{intra} 越大，结构的最大变形越大，尤其在 $\gamma_{intra}=0.1$ 时。随 γ_{below} 的增大，结构最大层间位移角出现的位置自 3 层变化到 4 层，且 γ_{intra} 越大，结构最大层间位移角出现在 4 层时对应的 γ_{below} 值也越大。

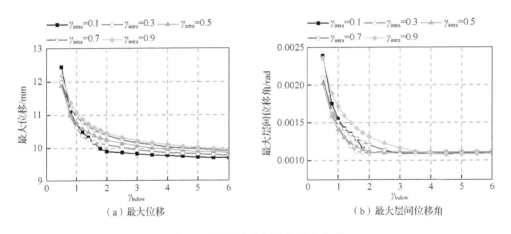

图 2.11 掉层结构顺坡向最大变形

2.4 小　　结

本章介绍了山地掉层建筑结构的基本力学特点，分析了其动力反应的影响参量规律，主要得到以下结论。

（1）不等高的基础接地情况使得山地掉层结构的受力和变形均不同于常规结构，掉层部分和上接地层的刚度分布将影响其动力反应，并提出了不同的刚度分布指标。

（2）上接地层以上楼层的质量、刚度不变，且各楼层的质量和刚度之比固定时，结构掉层部分和上接地层内的刚度分布对振型的动力贡献影响显著；$\gamma_{\text{below}} < 1$ 时，结构变形会有相对明显的增加，$\gamma_{\text{below}} > 2$ 时，结构变形形状相近，最大变形和最大层间位移角变化平缓。

第 3 章　基于拟静力试验的山地掉层框架结构破坏模式

为掌握掉层钢筋混凝土框架在低周反复荷载作用下的破坏过程、破坏形态及破坏机制，研究掉层框架的承载能力、滞回性能、塑性铰分布等抗震性能，验证得到的理论分析结果的合理性，设计并进行了本章试验。

3.1　拟静力试验方案

3.1.1　模型设计与制作

框架结构模型的低周反复加载试验是研究多高层框架结构受力机理和抗震性能的常用方法。框架模型从形式上可分为单层单跨、单层多跨、多层单跨和多层多跨四类。单层及单跨模型由于制作方便，对加载设备要求较低，但对应的是其受力性能与实际结构相差较大；而多层多跨模型尽管制作复杂，对加载系统要求高，但能较为真实地反映实际结构的受力特点和破坏规律。

本章试验研究的是掉层框架结构，不同于一般的普通框架，本质区别就在于存在两个不同的接地层，这点也就决定了本试件的最少跨数取值为 3 跨；同时，研究中已知上接地层在地震作用下为破坏最严重的部位，第 2 层也较为严重[19]，为了考察这一结论的准确性，同时结合实验室自身的条件，最终确定试件为总层数为 5 层、总跨数为 3 跨、掉 2 层 1 跨的掉层结构。原型结构也是在此基础上进行的选型与参数设定。

试验原型的设计资料：抗震设防烈度为 8 度（0.2g），设计地震分组为第一组，建筑场地类别为Ⅱ类；上人屋面活载为 2.0kN/m^2，楼面活载为 2.0kN/m^2；混凝土强度等级采用 C30，纵向钢筋采用 HRB400，箍筋采用 HPB300。

为了避免由确定建筑高度所带来结构抗震等级不同的问题，原型结构采用总层数为 8 层、总跨数为 3 跨、掉 2 层 1 跨的掉层结构。考虑到试验的比例问题，使得在计算时考虑梁的宽度比实际工程要大。取柱子截面为 600mm×600mm，梁截面为 300mm×600mm。结构平面布置图如图 3.1（a）～（b）所示，③轴线的立面结构图如图 3.1（c）所示。

本试件采用：总层数为 5 层、总跨数为 3 跨、掉 2 层 1 跨的掉层结构。上部 3 层的影响通过千斤顶施加的竖向荷载考虑。

根据实验室的试验加载反力架高宽、浇筑质量、加载设备吨位，以及试验经费等方面的因素，最终确定的模型与原型的几何相似比例为 1∶4。

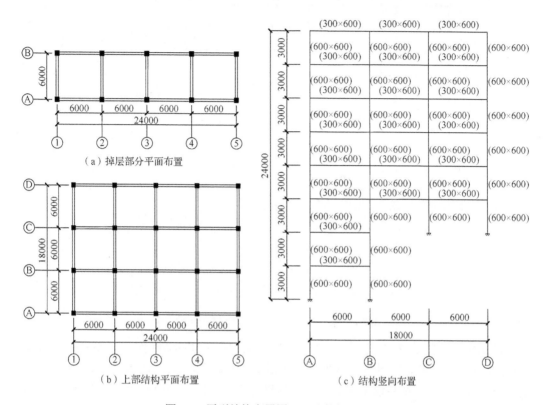

图 3.1 原型结构布置图（尺寸单位：mm）

本试验研究项目中，模型设计、制作与荷载均按照相似理论进行，框架模型和原型尺寸几何相似，保持缩尺比例为 1∶4，模型和原型采用同种规格的材料。确定模型结构试验过程中各物理量的相似常数后，求得反映相似模型整个物理过程的相似条件。试验模型的荷载和配筋由原型按相似法则进行设计，相似参数见表 3.1。

表 3.1 相似关系

物理量	弹性模量	长度	面积	质量	荷载	位移	应力	应变	轴力	剪力	弯矩
原型	1	1	1	1	1	1	1	1	1	1	1
模型	1	1/4	1/16	1/16	1/16	1/4	1	1	1/16	1/16	1/64

缩尺比例偏小，为保证试件质量，在其他条件不变的情况下，梁截面尺寸为 100mm×150mm，柱截面为 150mm×150mm。缩尺后的模型结构尺寸如图 3.2 所示。

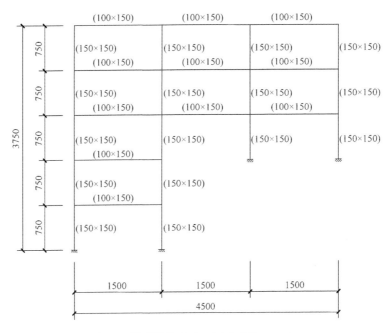

图 3.2 模型结构尺寸（尺寸单位：mm）

将试验的缩尺模型称为试件。梁、柱纵向钢筋采用 HRB400 级，箍筋采用的为 φ4 的钢丝。为了保证在试验过程中试件不发生滑动，框架结构基础截面为 300mm×400mm，地梁长为 6450mm。试验模型混凝土强度等级与原型相同，采用 C30。试件的尺寸和配筋如图 3.3 和图 3.4 所示。

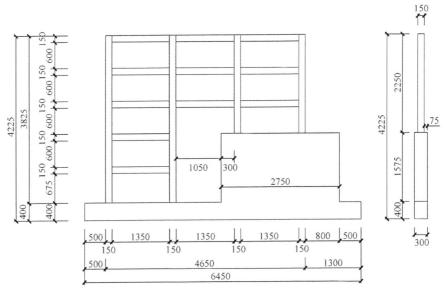

图 3.3 试件尺寸（尺寸单位：mm）

　　试件梁、柱的纵向受力钢筋按照面积相似比例关系进行确定，在配筋的过程中考虑了钢筋归并，梁、柱纵向钢筋都是采用通长筋。由于没有 φ4 的 HPB300 级钢筋，因而试件箍筋采用 φ4 的钢丝代替，在某种程度上来讲有一定的加强。梁箍筋采用面积配箍率相似的原则确定，柱箍筋采用体积配箍率相似的原则确定。梁、柱的混凝土保护层厚度均取为 5mm。

　　箍筋的配筋说明：所有梁的箍筋配置方式均为 φ4@50/90；底层柱外，其他各层柱均为 φ4@50/90。第一个箍筋距离梁、柱节点边缘为 20～30mm，具体情况根据截面纵向钢筋应变片的位置进行适当调整。

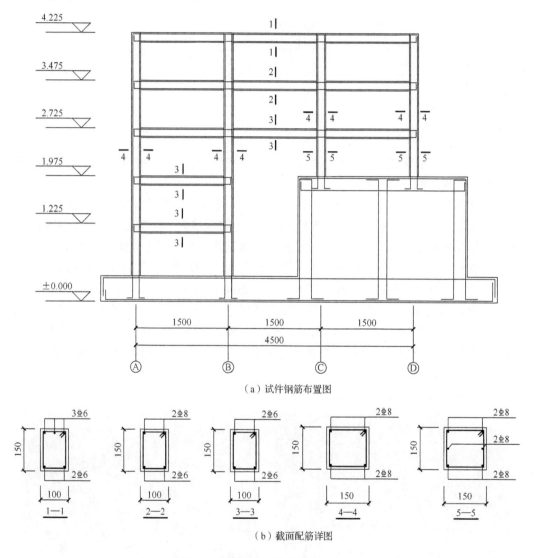

（a）试件钢筋布置图

（b）截面配筋详图

图 3.4　试件配筋（尺寸单位：mm）

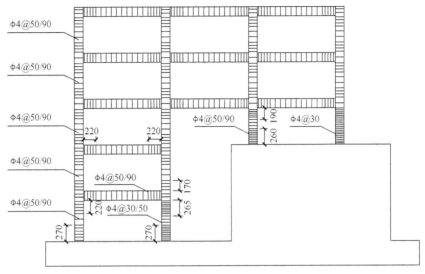

（c）箍筋分布图

图 3.4（续）

试件制作的具体流程：钢筋下料加工→纵向钢筋节点处粘贴应变片→支架、模板安装→钢筋骨架绑扎→整体浇混凝土试件。

试件高宽尺寸达 4.25m×4.5m，若采用立式浇筑成型，考虑到混凝土的性能，需要留一道施工缝，且构件截面较小，不易振捣，施工难度较大，较难保证试件的整体质量，最终采用卧式浇筑成型，一次完成对试件的整体浇筑。同时因为试件的整体尺寸偏大，而构件截面尺寸偏小，不便于试件的运输与进场，最终试件是在重庆大学结构实验室内制作完成。试件缩尺后尺寸较小，梁柱中的箍筋最密处箍筋间距为 30mm，因此，混凝土中粗骨料采用豆石，以保证浇注顺利完成和混凝土的质量。按照《混凝土结构试验方法标准》（GB 50152—2012）[45]，预留了 9 组 150mm×150mm×150mm 立方体标准试块，试块与试件在相同条件下进行自然养护，以备在吊装前及正式试验时能跟踪混凝土实际强度发展状况。

试件制作过程如图 3.5 所示。

（a）钢筋绑扎后

（b）混凝土拆模后

图 3.5　试件制作过程

在吊装方面，由于试件体量偏大，且上接地处为墙体，重心不在形心处，梁柱截面都比较"单薄"，要把试件立起来，不能直接把吊点设在试件上。为了解决这一问题，先把 4 根工字钢梁焊接成一榀钢框架，放置在试件模板下面，在起吊时，吊点设在试件下面的钢架上，用钢架把试件抬起来，避免试件在立起的过程中出现损坏。

试件加载前，对预留试块和钢筋进行力学性能试验，试件混凝土的力学性能见表 3.2。表 3.2 中，轴心抗压强度 f_c、轴心抗拉强度 f_t 和弹性模量 E_c 均由实测的立方体抗压强度 f_{cu} 换算求出，公式分别为 $f_c = 0.79 \times f_{cu}$，$f_t = 0.395 \times f_{cu}^{0.55}$，$E_c = 10^5/(2.2 + 34.74/f_{cu})$。试件钢筋的力学性能见表 3.3。

表 3.2　试件混凝土的力学性能　　　　　（单位：MPa）

强度等级	f_{cu}	f_c	f_t	E_c
C30	29.26	22.24	2.53	2.95×10^4

表 3.3　试件钢筋的力学性能

钢筋型号	直径/mm	屈服强度/MPa	极限强度/MPa	弹性模量/MPa
HRB400	4	371.2	421.2	2.33×10^4
HRB400	6	510	696	1.99×10^4
HRB400	8	439	615	2.02×10^4
HRB400	10	421.7	595	1.60×10^4

3.1.2　加载装置与加载制度

试验装置示意图如图 3.6 所示。竖向荷载由油压千斤顶提供，再通过两根型钢分配梁传递到柱顶；水平荷载由两个油压千斤顶提供。其中，竖向油压千斤顶的量程为 500kN，千斤顶通过滑动小车与反力架梁连接，便于竖向千斤顶随试件变形而水平滑动，竖向荷载通过分配梁传递到柱顶部；水平两个油压千斤顶的量程为 500kN，能够提供水平反复荷载。

在试件梁的两端及中部放置钢压梁，并将钢压梁锚固于地槽位置，以此固定试件。由于试件梁柱截面太小，没有采用在试件梁的一端用扩大头加预埋端板的方式来连接油压千斤顶，而是采用在试件梁两端加端板用连杆连接的方式来传递水平推拉力。由于受加载条件限制，水平方向仅在第 3 层和第 1 层这两层梁处施加水平力，其他 3 层均未单独施加水平荷载。

对于单榀框架来讲，平面外刚度相对于平面内刚度很小，因而在加载过程中设置了水平侧向支撑，以防止试件发生不期望的平面外方向破坏，侧向支撑设于第 3 层柱中部。梁截面宽度要小于柱截面宽度，所以也只有 4 根柱子与侧向支撑接触，侧向支撑与试件能够接触的部分较少，从而可以忽略侧向支撑摩擦的影响。

试验考虑了配重模拟梁上荷载的影响。配重采用钢板制作加工而成。采用粘钢胶把钢配重固定在梁上，避免在加载过程中掉落伤人。配重按照图 3.6 所示的块数与位置进行放置，钢配重距离梁端为 100mm，配重之间的间距为 50mm，以避免梁变形后形成拱作用。

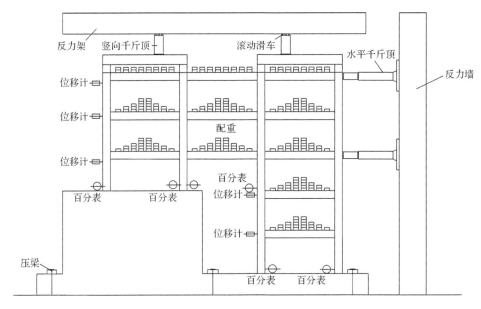

图 3.6 试验装置示意图

为了方便描述试验现象，规定推向加载为正，拉向加载为负。

试验加载分 3 个阶段进行。第 1 阶段为预加载，仅加竖向荷载，竖向压力加载前需对构件进行一次预压（加载—卸载），加载后保持压力 3min 再卸载，预压值取竖向设计压力值的 30%，主要目的是检查各项仪器是否正常工作。

第 2 阶段为正式加载竖向荷载，分 4 次加载，直至单个千斤顶达到目标值，即第 1 跨竖向加载点压力值分别为 4kN、8kN、12kN、15kN；第 3 跨竖向加载点压力值分别为 3kN、6kN、10kN、14kN。加载到位后，保持竖向力加载数值稳定不变。加载点位于 1/3 处，即中柱与边柱力的比例为 2∶1。

第 3 阶段为水平位移加载。由于试件结构的屈服不等同于构件的屈服，不能明确地进行界定，故全程采用位移控制，通过广义"位移角"作为控制方法。此处的位移角所对应的高度 H 为第 1 层到第 3 层的高度，H=2200mm。

水平加载规则：①采用两个循环加载，第 1 循环采用 3 等分步长加载，第 2 循环只采用 3 点加载，即只加载峰值与零点；②初始加载的位移一定要在结构弹性变形范围内，并且后面加载等级的位移是此前等级位移的 1.25～1.5 倍；③最终加载等级的位移角为 1/30～1/25 时，塑性变形已经很充分。

经换算，第 3 层水平加载位移值如图 3.7 所示。两个水平加载点之间的比例是通过 SAP2000 和 ABAQUS 所建原型模型得到结构的振型来确定的，最终确定两点之间的比例关系为 2∶1（第 3 层加载点∶第 1 层加载点）。第 3 层加载点的加载方案为±3.0、±4.4、±7.3、±11.0、±14.7、±22.0、±29.3、±36.7、±44.0、±55.0、±73.3、±88.0、±110，单位为 mm。

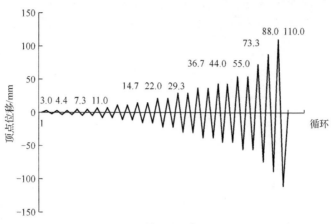

图 3.7　水平位移加载制度

3.1.3　测点布置

通过测量得到以下试验数据。

（1）荷载值：水平荷载值。

（2）线位移值：各层梁端的水平位移值。

（3）应变值：包括梁端纵向钢筋、柱端纵向钢筋的应变值。

顶层梁端水平位移由德国位移计测量，其他各层梁端水平位移由电子位移计通过应变箱采集得到，位移计的布置如图 3.6 所示。

纵向钢筋应变通过应变片进行量测，应变片的布置如图 3.8 所示，共计 226 个钢筋应变片。试件钢筋应变片均贴于梁、柱节点端部纵向钢筋上，梁截面的上部钢筋应变片编号分别为 1 号、2 号，下部两个钢筋应变片编号为 3 号、4 号，柱截面的左侧两个应变片为单号应变片，右侧两个应变片为双号应变片。应变片在距梁、柱截面 2cm 左右，以使测点应变数值不受到节点较大的影响，同时避开第 1 根箍筋。

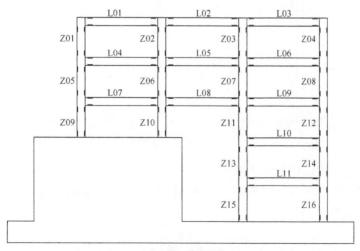

（a）梁、柱编号图

图 3.8　试件钢筋应变片位置示意图

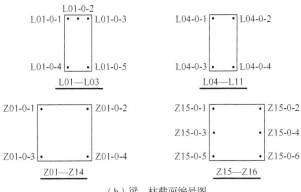

（b）梁、柱截面编号图

图 3.8（续）

图 3.8 中，每一跨梁左端编号为 0，右端编号为 1；每一层柱上端编号为 0，下端编号为 1。示例：L01-0-1 表示 01 号梁左端截面 1 号位钢筋应变片。

3.2　试验过程与现象

试验现象描述以第 3 层位移级别来区分加载历程。图 3.9 为试件杆件编号，为与应变片的编号一致，编号顺序从右到左，从上到下。

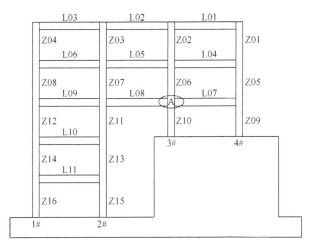

图 3.9　试件杆件编号

试验现象过程描述可分为 3 部分。

（1）裂缝首先在第 3 层位移值（简称"位移值"）为 3.0mm 时出现。此时，裂缝只出现在梁端，如图 3.10 所示。

（a）L09 梁左端开裂

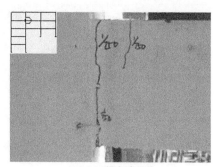

（b）L05 梁左端开裂

图 3.10　梁端开裂

（2）当位移值为 4.4mm 时，上接地层柱 Z09、Z10 底部首先出现受拉裂缝，如图 3.11（a）所示，其他裂缝也只出现在梁端；当位移值为 7.3mm 时，下接地层柱 Z15 也出现了裂缝，如图 3.11（b）所示，其他裂缝在梁端部继续发育。此时，上接地层梁端部出现较长裂缝，裂缝进一步发育，上接地层柱 Z10 上端节点处，裂缝较密集，如图 3.11（c）所示。Z09 底部裂缝贯通，如图 3.11（d）所示。当位移值达到 14.7mm 时，坎上一层处节点（Z09、Z10 上下节点）有混凝土开始剥落，位移加大，裂缝加宽，混凝土剥落更加严重，如图 3.11（e）和（f）所示。

（a）Z10底端开裂

（b）Z15底端开裂

（c）裂缝较密集

（d）Z09底裂缝贯通

图 3.11　裂缝发育

（e）Z10底部混凝土剥落　　　　　　　　　　　（f）Z10上部A节点混凝土剥落

图3.11（续）

（3）当位移加载到88mm时，第1层加载点所用位移计超出有效量程，之后用第3层位移来进行控制加载，位移加载到110mm时，上接地层Z09底部钢筋拉断（砰的一声），此时混凝土剥落厉害。在这个过程中，试件充分进入了塑性发展，上接地柱处由原来的矩形变成明显的平行四边形，如图3.12所示。梁端、柱根部混凝土受压破碎。

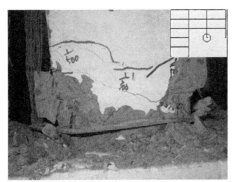

（a）Z10底部保护层脱落严重　　　　　　　　　（b）Z9底部图钢筋剪断处

图3.12　上接地柱破坏情况

Z10上节点（图3.9A节点）在整个试验过程中破坏较为严重，如图3.13所示。

图3.13　A节点破坏过程

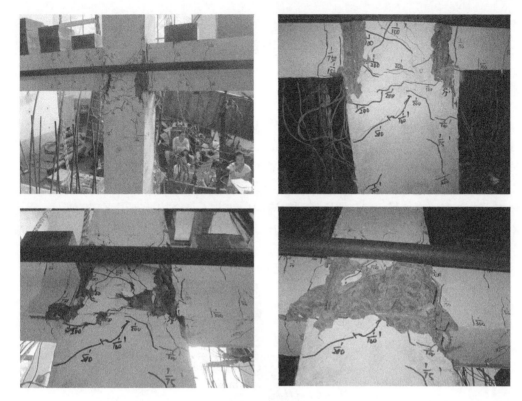

图 3.13（续）

通过截面纵向钢筋应变片所得到的钢筋屈服应变所对应的历程,判断出在 A 节点的出铰顺序。由图 3.9 可知,构件 L08、L07、Z06 和 Z10 相交于此。A 节点的钢筋应变值见表 3.4。

表 3.4　A 节点处钢筋应变值

构件	截面	首次屈服后记录应变/10⁻⁶	采样次序	构件	截面	首次屈服后记录应变/10⁻⁶	采样次序
L08	上	2568	97	Z06	左	2908	181
	下	3841	95		右	2177	162
L07	上	2644	210	Z10	左	3150	71
	下	2425	191		右	2823	64

结合表 3.4 和图 3.13,可知在 A 节点处,Z10 上部先出现屈服,此处的裂缝发育非常充分,之后两侧梁也先后出铰,并且节点梁两侧混凝土脱落。在试件设计时,考虑节点箍筋偏弱,最后节点内的柱纵向钢筋压屈。

3.3　试验数据处理

3.3.1　滞回曲线和骨架曲线

滞回曲线是试件在反复荷载作用下力和位移之间的关系曲线。它是结构抗震性能的综合体现，也是分析结构弹塑性动力反应的主要依据。框架模型试验得到的滞回曲线包括荷载-顶点位移滞回曲线和荷载-层间位移滞回曲线。

根据位移计与千斤顶传感器记录得到的数据，由于本试验是两点加载，在试验的过程中，由动态应变仪经 X-Y 仪所得到的滞回曲线并不是结构所在层真实的滞回，因为 X-Y 仪所绘制的滞回曲线只是针对加载的千斤顶而言的。试件整体荷载-顶点位移的滞回关系如图 3.14 所示。

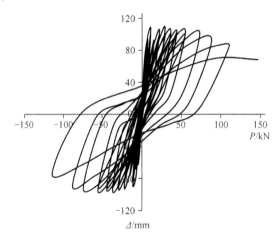

图 3.14　试件整体 $P\text{-}\Delta$ 滞回曲线

由图 3.14 可知：

（1）从试件的 $P\text{-}\Delta$ 滞回曲线可以看出，掉层框架具有较好的变形能力。在整个加载过程中，直到顶层位移到达 110mm 时，试件的承载力还能得到保证。

（2）试件在循环荷载作用下，开裂前反复加、卸载滞回曲线基本呈线性弹性变化，滞回环包围的面积很小，刚度无明显退化；开裂后，梁端弯曲裂缝进入开展和闭合状态，损伤累积导致滞回环面积不断增大，卸载时框架残余变形较大，试件很快从弹性阶段进入到弹塑性阶段，滞回曲线呈现梭形，卸载到零时出现残余变形，刚度有所退化；继续增加循环荷载，滞回曲线向弓形发展，滞回环面积增大，出现一定的"捏缩"现象；荷载增加到一定程度时，滞回曲线由弓形发展为反"S"形，此时，滞回环面积更加饱满，"捏缩"现象也更加明显，残余变形接近加载侧移的一半或更多，但试件承载力并无明显降低；试件加载过程中滞回曲线的"捏缩"现象主要是因为在反复荷载作用下，上接地层柱底破坏严重，使得上接地层变形变得更加容易。

图 3.15 为框架的整体骨架曲线，反映了结构的主要受力阶段。

（1）在线弹性阶段，结构侧移小，刚度退化较小。

（2）屈服阶段，刚度随位移增加而大幅度降低。

（3）破坏阶段，峰值荷载以后，骨架曲线下降较为平缓，表明结构延性较好。

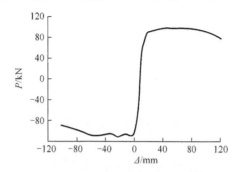

图 3.15　框架的整体骨架曲线

3.3.2　刚度退化特征

整体刚度变化曲线如图 3.16 所示。图 3.16 给出了掉层框架整体结构割线刚度 $K=P/\Delta$ 的退化规律。刚度退化始于梁端正截面开裂，随着侧向位移增加，上接地柱开裂，框架整体刚度衰减较快，进入屈服阶段后，随着梁端、柱端塑性铰的发展，刚度衰减速度降低。

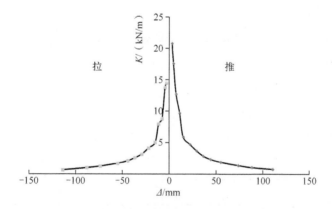

图 3.16　整体刚度变化曲线

在低周反复试验过程中，试件的整体刚度在两个方向（推、拉）并不完全相等，这与结构存在两个不同的接地层、左右不对称有关。同时，试件在每一级加载过程中先推后拉，使得结构首先在推的过程中退化。

3.3.3　位移延性

延性是表征变形能力的一个重要参数，指从屈服开始至达到最大承载能力或达到以后而承载力没有显著下降期间的变形能力。延性的好坏可以由延性系数的大小来衡量。延性系数包括位移延性系数、曲率延性系数及转角延性系数。本章采用的是位移延性系数,取骨架线上承载力下降至峰值点的85%对应的位移为极限位移Δ_u,结果见表3.5。

表 3.5　试验承载力与变形结果

位置		P_y/kN	Δ_y/mm	P_{max}/kN	Δ_{max}/mm	P_u/kN	Δ_u/mm	P_{max}/P_y	$\mu=\dfrac{\Delta_u}{\Delta_y}$	Δ_{max}/Δ_y
顶点位移	正向	72.2	6.3	94.8	36.7	75.8	114	1.31	18.1	5.83
	反向	83.4	4.8	108	29.3	86.4	111	1.29	23.1	6.1

3.4　破坏模式分析

为分析试验加载后框架裂缝的分布情况,将极限破坏状态下试件的开裂情况绘于图 3.17。由图 3.17 可以看出,大部分的裂缝只出现在梁端。对柱子来说,上接地层处的柱子是最先出现裂缝的地方,也是裂缝发展最为充分和严重的地方,下接地层的柱子也很密集,但是从构件的变形来看相对并不严重。

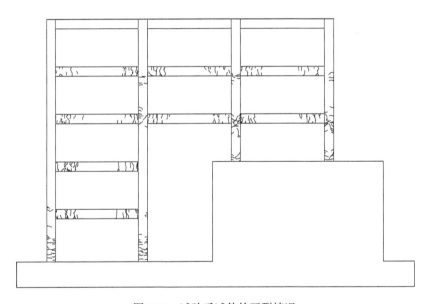

图 3.17　试验后试件的开裂情况

第 3 层梁没有绘制裂缝,其原因是:①有侧向支撑的遮挡;②第 3 层梁的高度较高,不方便及时进行;③梁上放置了配重,有一定的不安全影响因素。

试件破坏以上接地层柱脚混凝土压碎剥落、钢筋拉断、承载能力下降为标志;上接地一层为破坏最为严重的部位,变形也最为显著。试验后的试件破坏形态如图 3.18 所示。

（a）破坏最为严重处　　　　　　　　　　　　（b）试验后的整体试件

图 3.18　试验后的试件破坏形态

通过纵向钢筋上所贴的应变片值，得到试件截面钢筋屈服的先后，同时结合试验过程中试件裂缝的发展顺序，最终共同确定试件的出铰顺序。掉层框架实测的出铰顺序如图 3.19 所示。图 3.19 中括号外数字为出铰的先后顺序，括号内数字为出铰时所对应框架顶层加载的位移值，上脚标表示该位移幅值循环的次数，如 23(88^1) 表示出铰顺序为第 23，对应框架顶层加载的位移为 88mm，位移幅值循环次数为 1。

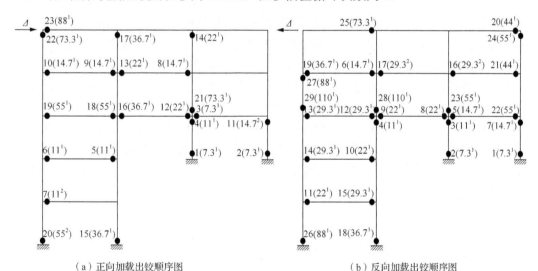

（a）正向加载出铰顺序图　　　　　　　　　　（b）反向加载出铰顺序图

图 3.19　试验框架出铰顺序图（单位：mm）

由开裂与出铰可知，框架裂缝首先出现在梁中，框架首先在上接地层柱底出现塑性铰，梁端塑性铰发展充分，柱端塑性铰主要集中在上接地柱。试验框架的破坏机制如图 3.20 所示，下接地跨主要是梁端截面出铰，呈现梁铰机制；上接地跨的上接地柱底端和顶端都出现塑性铰，呈现柱铰机制。最终结构呈现的破坏模式是楼层破坏模式与整体破坏模式的结合。出现这种情况的原因是两个接地跨在上接地层处的刚度不均，进而出现这种"半层破坏模式"。

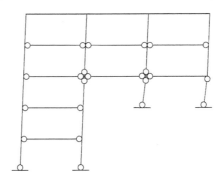

图 3.20   试验框架的破坏机制

设计时,尽管遵循了强柱弱梁、强节点弱构件等抗震设计原则,也实现了梁柱混合屈服机制,但是试件的最终破坏仍是以上接地层柱脚处混凝土压溃与钢筋被拉断为标志。为了保证掉层框架结构的有效承载能力,应采取有效措施以提高上接地层柱脚塑性铰的转动能力,增加上接地柱的延性。

3.5   小   结

本章主要对试件结构从竖向力加载到水平位移加载破坏的全过程进行了试验现象的详细描述。通过试验过程中试件裂缝发展的顺序、混凝土剥落、钢筋应变、结构整体响应等方面对掉层结构的破坏进行了宏观描述。得到试件的出铰顺序,上接地层柱底首先出现塑性铰,梁端塑性铰发展充分,柱端塑性铰主要集中在上接地柱。山地掉层钢筋混凝土框架具有较好的变形能力,顶层位移达到 110mm 时,试件的承载力还能得到保证。结构的整体滞回环饱满,且"捏缩"现象明显。掉层结构试件的最终破坏仍是以上接地层柱脚处混凝土压溃与钢筋被拉断为标志,其破坏模式是楼层破坏模式与整体破坏模式的结合。出现这种情况的原因是两个接地跨在上接地层处的刚度不均,进而出现"半层破坏模式"。

第 4 章 基于振动台试验的山地掉层框架结构地震破坏模式分析

为研究山地掉层 RC 框架结构的受力特点和破坏特征,目前已对其平面模型进行了大量的数值模拟分析,并进行了平面掉层框架的拟静力试验,但掉层框架结构存在必然的平面不规则,空间作用对结构受力变形的影响显著,这是平面模型分析和试验不能反映的。结构模型的振动台试验可较直观、全面、准确地观测到实际地震中三维结构的破坏特征,并能为其动力响应分析提供直接数据。基于当前的研究条件,对山地掉层 RC 框架结构进行振动台试验研究。

4.1 振动台试验方案

4.1.1 模型设计与制作

1. 原型设计概况

设计掉层框架结构模型 D2K1 及与其掉层侧和上接地侧总高度分别相等的两个常规框架结构模型 F4 和模型 F6,以研究三维掉层 RC 框架结构在动力特性、地震响应和破坏特征等方面与常规框架结构的异同,如图 4.1 所示。

掉层框架结构模型 D2K1 的原型结构基本信息如下:总层数为 6 层,掉层部分层数为 2 层,掉跨数为 1 跨,层高均为 3m,平面沿顺坡向(x 向)3 跨,沿横坡向(y 向)2 跨,跨度均为 6m;柱截面为 600mm×600mm,梁截面为 300mm×600mm,不设置次梁,为达到挠度要求,楼板厚度为 140mm,基本布置如图 4.1(b)所示。楼面及屋面均布恒载为 1.5kN/m^2,均布活载为 2kN/m^2,并在框架梁上附加线荷载以考虑填充墙的荷载。1~5 层梁上线荷载取 9kN/m,顶层仅在周边框架梁上附加线荷载 3kN/m。假定结构的基本设防烈度为 8 度 0.20g,设计地震分组为第一组,II 类场地,周期折减系数取为 0.65。依据《建筑抗震设计规范(2016 年版)》(GB 50011—2010)[46]的相关要求,采用盈建科软件进行配筋设计,梁、柱、板均采用 HRB400 钢筋,混凝土强度等级均为 C30,其中上接地柱和 4 层掉层侧柱配筋由抗震承载力控制,其他柱截面配筋则由最小配筋率控制。

常规框架结构模型 F4 和模型 F6 的总层数分别为 4 层和 6 层,其他布置与模型 D2K1 相同,如图 4.1(a)、(c)所示,配筋设计依据与模型 D2K1 相同。

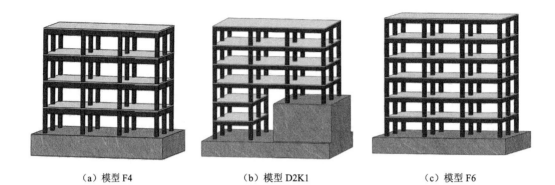

(a) 模型 F4   (b) 模型 D2K1   (c) 模型 F6

图 4.1   模型方案示意图

2. 模型相似关系设计

在动力作用过程中，结构的惯性力是主要的作用荷载，且满足结构动力学基本方程。

$$m\left[\ddot{x}(t)+\ddot{x}_g(t)\right]+c\dot{x}(t)+kx(t)=0 \tag{4.1}$$

式中，m、c、k 分别为结构的质量、阻尼系数、侧向刚度；$\ddot{x}(t)$、$\dot{x}(t)$、$x(t)$ 分别为结构相对地面的加速度、速度、位移反应时程；$\ddot{x}_g(t)$ 为地面的加速度时程。结构需满足惯性力、阻尼力及恢复力间的关系，故需对材料的密度、弹性模量严格要求，各物理量应满足：

$$S_m(S_{\ddot{x}}+S_{\ddot{x}_g})+S_cS_{\dot{x}}+S_kS_x=0 \tag{4.2}$$

式中，S_m、S_c、S_k 分别为质量、阻尼系数、刚度的相似常数；$S_{\ddot{x}}$、$S_{\ddot{x}_g}$ 为加速度相似常数；$S_{\dot{x}}$、S_x 分别为速度、位移的相似常数。

将弹性模量、密度、加速度和长度的相似系数 S_E、S_ρ、S_a、S_l 带入式（4.2），得到

$$\frac{S_E}{S_\rho S_a S_l}=1 \tag{4.3}$$

在相似关系设计过程中，首先确定式（4.3）中的 3 个相似常数，计算得到第 4 个相似常数。校核模型是否满足试验条件，然后由似量纲分析法[47]确定其余的相似系数。

在本次振动台试验中，根据试验条件及原型尺寸确定长度相似系数 S_l 为 1/8。考虑到对模型需研究至规范中的 9 度大震水准（0.62g）甚至更大地震作用，以及振动台噪声和台面的承载力，将加速度相似系数 S_a 取为 1.89。采用微粒混凝土和镀锌铁丝来模拟本试验中的钢筋混凝土结构，根据经验，微粒混凝土与原型钢筋混凝土间的强度关系通常为 1/5～1/3，根据微粒混凝土试块的材性试验结果，取其应力相似系数为 1/3，采用拟量纲分析法得到主要物理参数的相似常数见表 4.1。

表 4.1　主要物理参数的相似常数

物理性能	物理参数	相似常数	物理性能	物理参数	相似常数
几何性能	长度 S_l	1/8	荷载性能	集中力 S_F	$5.156×10^{-3}$
	面积 S_A	1/64		线荷载 S_q	$4.125×10^{-2}$
	线位移 S_{dl}	1/8		面荷载 S_p	0.33
	角位移 S_u	1		力矩 S_M	$6.445×10^{-4}$
材料性能	应变 S_e	1	动力性能	阻尼 S_c	$1.061×10^{-2}$
	弹性模量 S_E	0.33		周期 S_T	0.257
	应力 S_σ	0.33		速度 S_v	0.486
	质量密度 S_ρ	1.40		加速度 S_a	1.89
	质量 S_m	$2.728×10^{-3}$		重力加速度 S_g	1

3. 模型材料材性试验

为了能更好地反映材料的性能,分别对微粒混凝土和镀锌铁丝进行了材性试验。试验模型 F6、D2K1 在第 1 批制作,模型 F4 在第 2 批制作,材料的材性试验相应地分批进行。

制作微粒混凝土使用的水泥为 32.5 号普通硅酸盐水泥,砂为黄砂。为选择最接近由相似常数确定的模型材料强度和弹性模量的配合比组合,对其进行试配。

对各组配合比分别制作 70.7mm×70.7mm×70.7mm 和 100mm×100mm×300mm 的试块各 3 个,通过前者测定立方体抗压强度,通过后者测定弹性模量。最终确定第 1 批试验模型所用微粒混凝土质量配合比为水泥∶砂∶水=1∶4∶0.6,第 2 批试验模型微粒混凝土的质量配合比为水泥∶砂∶水=1∶7∶1.8。

在结构模型的制作过程中,同层柱、梁板分别同时浇筑。在每次浇筑过程中随机制作 70.7mm×70.7mm×70.7mm 立方体试块和 100mm×100mm×300mm 棱柱体试块各 3 个,并与模型同条件养护。试验前,分别对试块进行抗压试验与弹性模量试验,微粒混凝土材料性能试验结果见表 4.2。

表 4.2　微粒混凝土材料性能试验结果

制作批次	立方体抗压强度平均值/MPa	弹性模量平均值/MPa
第 1 批	8.91	$9.92×10^3$
第 2 批	9.09	$8.41×10^3$

试验所用到的镀锌铁丝型号较多,取不同型号铁丝各 5 根进行抗拉试验。各型号对应的直径及材料性能试验结果详见表 4.3 和表 4.4,其中弹性模量及屈服强度取为平均值。

表 4.3　第 1 批镀锌铁丝材料性能试验结果

标号	实测直径/mm	弹性模量/MPa	屈服强度/MPa	抗拉强度/MPa
22#	0.64	$2.02×10^5$	345	422
20#	0.80	$2.04×10^5$	367	433
18#	1.20	$1.26×10^5$	302	413
16#	1.60	$1.42×10^5$	328	428
14#	2.20	$2.08×10^5$	335	394
12#	2.80	$2.61×10^5$	240	327
10#	3.42	$2.01×10^5$	340	447

表 4.4　第 2 批镀锌铁丝材料性能试验结果

标号	实测直径/mm	弹性模量/MPa	屈服强度/MPa	抗拉强度/MPa
22#	0.74	$0.41×10^5$	178	337
20#	0.92	$0.76×10^5$	215	313
18#	1.26	$1.05×10^5$	257	328
16#	1.68	$1.32×10^5$	280	355
14#	2.24	$1.35×10^5$	312	372
12#	2.84	$1.36×10^5$	343	418
10#	3.64	$1.38×10^5$	353	430

4. 缩尺模型设计及制作

采用 300mm 厚钢筋混凝土梁板式底座,并在底座内设置暗梁,以保证底座的整体刚度及对模型结构的嵌固作用。考虑到模型在台面的布置及锚孔的需求情况,底座平面尺寸为 2.65m×2.3m。对掉层框架结构底座,在板式底座上附加混凝土墙来模拟上接地柱下的岩土体。通过软件模拟可知,混凝土墙在两水平方向的频率已远超过结构模型的自振频率,并得到了模型结构承受 1.5g 地震强度时混凝土墙的应力及变形状态,保证混凝土墙对构件端部的可靠嵌固。掉层框架底座的几何尺寸及其与上接地柱的位置关系如图 4.2 所示。

根据原型结构尺寸,采用 1/8 缩尺比例,得到各模型的平面轮廓尺寸为 2.325m×1.575m,各层层高为 37.5mm,模型的各柱截面尺寸为 75mm×75mm,梁截面尺寸为 37.5mm×75mm,板厚度为 17.5mm。

因试验的水平向加速度相似系数取为 1.89,本次试验为欠人工质量的缩尺振动台试验。研究表明,对于此类试验的模型设计,按构件截面等配筋率设计的缩尺结构将会高估原型结构的地震响应,而按照构件等承载力设计的缩尺模型可以很好地解决这一问题[48]。因此,应采用构件等承载力原则进行缩尺模型的配筋设计,即按照抗弯能力等效控制正截面承载力进行模拟,按照抗剪能力控制斜截面承载力进行模拟。模型各楼层板筋采用两层型号为 20#,网孔为 15mm×15mm 的镀锌铁丝网。

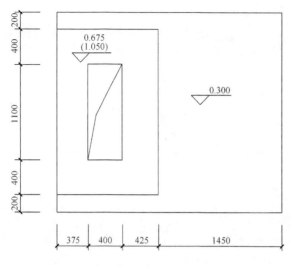
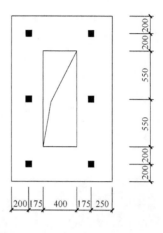

（a）掉层结构底座平面图　　　　　　（b）岩土体与上接地柱相对位置关系

图 4.2　掉层框架结构模型底座（尺寸单位：mm）

底板与模拟岩土体的混凝土墙分别浇筑，底板浇筑前，将混凝土墙竖向钢筋、模型首层的镀锌铁丝进行准确的定位及预埋，同时按要求预埋吊环，并保证底座预留孔洞位置的准确性及底面平整度。

为保证缩尺模型的施工质量，框架柱采用按照构件尺寸预先做好的木模，框架梁及楼板采用泡沫塑料，其底部布置足够的支撑构件以保证其抗弯能力。框架柱中铁丝均原位绑扎，箍筋均为四肢箍，微粒混凝土浇筑前须预留足够搭接长度的竖向铁丝或做好上层柱铁丝的预埋。对框架梁，提前制作好各个构件，然后在切割好空间并定好位的泡沫模板中进行安装，并在梁柱交点中按照非加密区箍筋间距布置双肢箍筋，以保证梁柱的可靠连接。在整个施工过程中，应对轴线定位、构件尺寸、倾斜度及平整度等时时检查。施工过程及成型后的各个模型如图 4.3 所示。

（a）底座钢筋绑扎

（b）底座混凝土浇筑

（c）混凝土墙支模

（d）框架柱外模

（e）脱模后框架柱

（f）梁板支模

图 4.3　模型施工

（g）框架柱绑扎

（h）主体结构施工

（i）模型 F4

（j）模型 D2K1

（k）模型 F6

（l）模型 D1K1

图 4.3（续）

测量施工过程中制作的微粒混凝土试块的质量，得到其平均密度为 1997kg/m³，考虑镀锌铁丝的影响，取其密度为 2100kg/m³。按照模型质量与原型质量的相似关系及质量沿楼层分布比例与原模型一致的原则，在各模型各层需要施加的配重，常规框架模型 F4 和 F6 中顶层配重为 0.397t，其他楼层的配重均为 0.599t，掉层框架模型的顶层配重为 0.397t，上接地层至顶层相邻下层的配重均为 0.599t，掉层楼层的配重均为 0.23t。

4.1.2　加载制度

考虑原型结构的周期、场地情况，以及振动台试验的选波要求，选出同时适用于各模型的地震波。天然波基本信息见表 4.5，各组地震波时程曲线及其放大系数谱如图 4.4 所示。

表 4.5　天然波基本信息

编号	地震时间	地震名称	震级	台站信息	V_{s30}/（cm/s²）	$a_{\mathrm{PG},x}$/（cm/s²）
1	2008/5/23	汶川地震	8	051CXQ	542	167
2	2008/6/14	岩手-宫城内里库地震（Iwate-Miyagi Nairiku Earthquake）	6.9	宫崎市加美町·宫城（Kami Miyagi Miyazaki City）	478	153

编号	地震时间	地震名称	震级	台站信息	V_{s30}/（cm/s²）	$a_{PG,x}$/（cm/s²）
3	1994/1/17	北岭地震（Northridge Earthquake）	6.7	艾尔蒙地费尔维尤大道（Fairview Ave, El Monte）	291	123
4	1952/7/21	克恩县地震（Kern County Earthquake）	7.3	塔夫脱林肯学校隧道（Taft Lincoln School Tunnel）	385	176

注：V_{s30} 为计算深度为 30m 时的等效剪切波速；$a_{PG,x}$ 为主方向的峰值加速度。

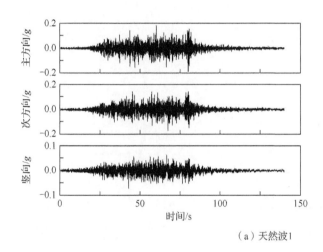
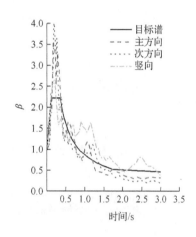

（a）天然波1

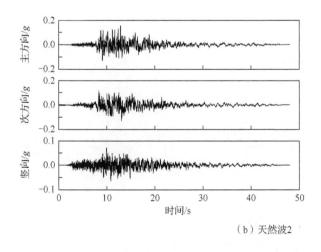
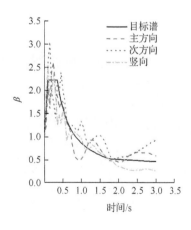

（b）天然波2

图 4.4　地震波时程曲线及其放大系数谱

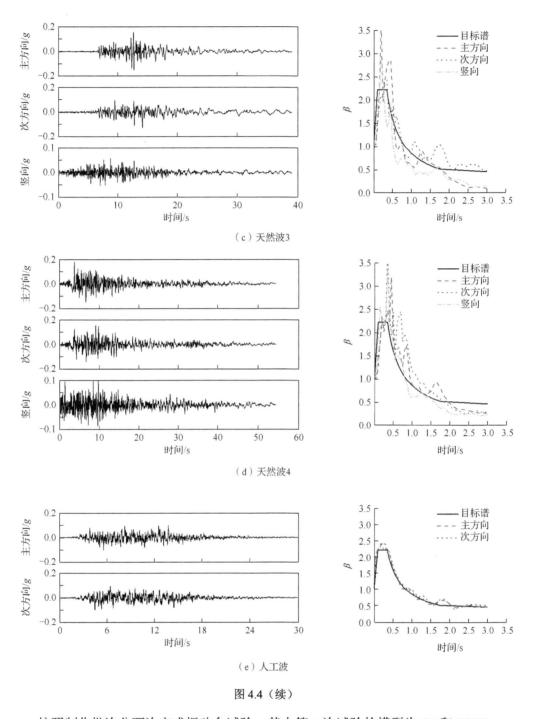

（c）天然波3

（d）天然波4

（e）人工波

图 4.4（续）

　　按照制作批次分两次完成振动台试验，其中第 1 次试验的模型为 F6 和 D2K1。

　　试验采用逐级增大加速度峰值的加载制度，对各个工况，地震波持时按照相似关系 1/3.888 进行压缩，天然波主、次、竖 3 个方向的加速度峰值按照原地震动加速度峰值比例，人工波主、次方向的加速度峰值取为 1：0.85。

定义沿掉层框架的顺坡向为 x 向，沿横坡向为 y 向，竖向为 z 向。在弹性阶段，对各天然波分别进行以 x 向、y 向为主方向的单向、双向及三向输入，对人工波进行以 x 向、y 向为主方向的单向、双向输入；为减少累积损伤对结构的影响，此后各阶段减少输入工况。在实际加载中，由于振动台对地震动的再现误差[49]，各加载等级下的实测加速度峰值与设计值均存在差异，两次试验各加载阶段的实测加速度峰值略有差异但相差不大。在各阶段地震动输入前后，对结构进行白噪声扫频，以测定结构自振频率、阻尼比、振型位移等动力特性。试验的加载制度详见表 4.6（第 1～3 加载阶段取天然波 2 的三向加载工况对应的加速度峰值），表中缺少的工况编号对应白噪声工况。

表 4.6　试验的加载制度

加载阶段	主方向峰值加速度			试验工况编号	地震波	加载方向
	首次实测	二次实测	激励水平			
1	0.12g	0.11g	8 度小震	2～5	天然波 1	x 单向、y 单向、xy 双向、yx 双向
				6～9	人工波	x 单向、y 单向、xy 双向、yx 双向
				10～13	天然波 2	x 单向、y 单向、xy 双向、yx 双向
				14～17	天然波 3	x 单向、y 单向、xy 双向、yx 双向
				18～21	天然波 4	x 单向、y 单向、xy 双向、yx 双向
				22～29	天然波 1、2、3、4	xyz 三向、yxz 三向
2	0.33g	0.34g	8 度中震	31～32	人工波	x 单向、xy 双向
				33～34	天然波 2、3	xyz 三向
3	0.50g	0.48g	8 度（0.3g）中震	36	人工波	xy 双向
				37	天然波 2	xyz 三向
4	0.65g	0.62g	8 度大震弱	39	天然波 2	xyz 三向
5	0.84g	0.80g	8 度大震强	41	天然波 2	xyz 三向
6	1.01g	1.07g	9 度大震弱	43	天然波 2	xyz 三向
7	1.20g	1.23g	9 度大震强	45	天然波 2	xyz 三向
8	1.49g	1.48g	超大震	47	天然波 2	xyz 三向

注：双向、三向加载时第 1 个字母对应的方向为主方向。

4.1.3　测点布置

试验中采用加速度计、位移计来监测地震作用时结构的响应。

在振动台台面布置一组三向加速度计，以与系统反馈数据进行对比验证。底座及结构模型上加速度测点布置如图 4.5 所示，其中掉层框架模型中①轴在上接地侧，④轴在掉层侧。在模型 F6 底座顶面测点 P_1、模型 D2K1 底座顶面测点 P_2 及模拟岩土体的混凝

土墙顶面测点 P_1 处各设置一组三向加速度计。

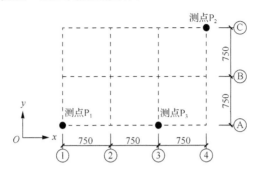

图 4.5　加速度测点布置（尺寸单位：mm）

对模型 F6、F4，在各层测点 P_1 处沿结构两主方向各布置一组双向水平加速度计；对模型 D2K1，在掉层部分（1～2 层）测点 P_2、测点 P_3 各布置一组双向水平加速度计，在上部结构（3～6 层）测点 P_1、测点 P_2 各布置一组双向水平加速度计。在各模型顶层的加速度测点均布置竖向加速度计。

在模型 D2K1 底座顶面测点 P_2 处布置沿顺坡向位移计，以与系统反馈位移对比校核。

对模型 F4，在 1 层、2 层及 4 层的测点 P_1 处布置与掉层结构顺坡向同向的位移计；对模型 F6，在 2 层、3 层及 6 层的测点 P_1 处布置与掉层结构顺坡向同向的位移计；对模型 D2K1，在 2 层、3 层及 6 层的测点 P_2 处布置顺坡向位移计。

4.2　试验过程与现象

4.2.1　试验现象

为方便试验现象的描述，将模型中框架梁、框架柱进行编号。框架柱编号由该柱所在位置的两相交轴线编号组成，如"1A"为轴线 1 与轴线 A 交点处框架柱；框架梁编号由该梁所在轴线编号及梁两端点所在轴线编号组成，如"A23"为 A 轴线上位于轴线 2、轴线 3 间的框架梁。框架梁柱编号如图 4.6 所示。

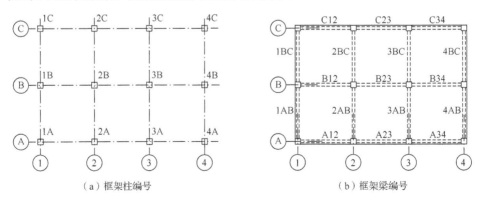

（a）框架柱编号　　　　　　　　　　（b）框架梁编号

图 4.6　框架梁柱编号

下面分别对各加载阶段后模型的开裂及破坏情况进行介绍。

1）第 1 加载阶段后

本阶段共进行 28 个加载工况，该阶段模型 F4 基本未出现细微裂缝，其他模型有裂缝出现。

模型 F6 在 3～5 层个别柱端底部出现水平细微裂缝，4 层柱 4C 柱底两侧面水平裂缝相交。模型 D2K1 中，3 层接地柱 1A 底部出现水平裂缝，并且其柱顶有单侧微裂缝发展，另一上接地角柱 1C 中部有细微裂缝，与之相邻的柱 2C 顶部有水平短裂缝相交于角部，而柱 2A 顶部与相连的 A 轴线上梁端均出现细微裂缝；4～5 层个别柱端有细微裂缝产生。

本阶段对应原型结构地震激励水平为 8 度小震，但在该阶段模型有不同程度开裂现象。究其原因，在模型方面，试验模型为欠质量缩尺模型，存在重力失真效应，模型难免出现提早开裂现象[48, 50]；模型柱底、柱顶的位置由于施工工艺原因往往表面不甚平滑，涂料容易在此处过厚堆积，而构件表面涂料的强度较弱，地震作用后易先于构件开裂。在输入地震动方面，所选择天然波 4 的反应谱在结构的主要周期范围稍高于目标谱，该地震波激励下模型的反应将会偏大，促使裂缝提早出现。

2）第 2 加载阶段后

本阶段共进行 4 个加载工况。在该阶段，各模型柱端微裂缝增多，均有框架梁与柱交界面附近出现细微裂缝的情况。

模型 F4 在 3 层边柱 2A、3A，角柱 3C 的柱顶，以及 4 层角柱 3C 柱底出现细微水平裂缝。

模型 D2K1 裂缝仍主要集中于 3 层上接地柱及 4～5 层构件，3 层非接地柱 3C、4C 底部及柱 4C 顶部出现水平微裂缝，梁 C12、A12 与轴线 1 相交侧上部局部开裂；掉层部分 2 层柱 4C 两端在与楼板交界面出现双向水平细微裂缝。

模型 F6 在 2 层和 6 层的部分构件端部出现新的水平向细微裂缝，3～5 层构件部分原有裂缝有所延长，或两侧面微裂缝在角部相交，也有新的微裂缝产生。

3）第 3 加载阶段后

本阶段共进行 2 个加载工况。模型柱端的裂缝数量和长度发展明显。

模型 F4 中，3～4 层柱端有新的水平裂缝出现，1～2 层的部分梁端出现自顶部的竖向或斜向裂缝，2 层柱 1C、4C 底部沿水平开裂。

模型 D2K1 中，柱端裂缝仍主要在 3～5 层，3 层非接地柱端有水平向裂缝产生；在掉层部分，1 层梁 C34 在轴线 3 的端部开裂；2 层柱 3C 底部、4A 两端部产生水平向裂缝，梁 4AB 与 A 轴相交的端部自梁底开裂。

模型 F6 在 1 层部分柱底出现表层混凝土的开裂，裂缝在各层分布相对均匀。

4）第 4 加载阶段后

本阶段共进行 1 个加载工况。

模型 F4 的各层均有柱端水平裂缝出现，1 层柱端开始出现裂缝，柱 2C 底部水平开裂，梁 A12、A34 与角柱相连的端部开裂。

模型 D2K1 中，3 层接地柱柱底裂缝延伸贯通，梁 C23 在轴线 2 端开裂，3 层非接地柱 3A 柱底产生水平裂缝，梁 4BC 在与轴线 C 相交的端部开裂；掉层部分 1～2 层角柱 4C 顶部两侧面水平裂缝相交，顺坡向梁在与轴线 3 相交端开裂，2 层柱 3C 顶部开裂。

模型 F6 在各层均产生新的裂缝，整体裂缝主要集中在 1～4 层，1 层柱 1A 顶部开裂，梁 4AB 与轴线 A 相交端出现裂缝；2 层柱 1C 底部开裂，顶部节点处出现竖向裂缝，柱 1A 顶部开裂；3 层柱 1A、2A 顶部裂缝贯通，柱 2C 底部沿水平向开裂，梁 C34 与轴线 4 相交端开裂，梁 4AB 与轴线 A 相交端裂缝延长。

5）第 5 加载阶段后

本阶段共进行 1 个加载工况。

模型 F4 的 2 层柱 3C、3 层柱 1A 底端水平裂缝贯通，1～2 层与角柱相连的梁端裂缝发展，4 层部分柱顶有新的微裂缝出现。

模型 D2K1 中，3 层接地柱 1C 柱底角部的混凝土脱落，柱 4C 柱顶沿水平向开裂，梁 1BC 在轴线 C 端开裂；4～6 层有新的梁端、柱端裂缝产生；在掉层部分，1 层柱 4C 靠近底部截面出现水平趋势裂缝，梁 4AB 梁端均开裂，且轴线 B 端的梁顶部混凝土表皮局部脱落；2 层柱 4B 顶部开裂，梁 4AB 与轴线 B 相交端开裂，与 A 轴相交的梁端裂缝宽度显著增加。

模型 F6 底层部分柱端混凝土压碎散落，梁端裂缝增多，且开始出现楼板自柱底内侧角部开裂并向梁内侧边缘延伸；1 层柱 1C 底部裂缝贯通，C 轴线上部分梁端开裂，1 轴线、4 轴线上梁侧面楼板开裂；2 层梁 C34 在与轴线 4 相交端开裂，1 轴线上梁侧面楼板开裂；3 层柱 3C 中上部出现斜裂缝；4 层、5 层均有新的梁端、柱端裂缝出现。

6）第 6 加载阶段后

本阶段共进行 1 个加载工况。

模型 F4 的 1 层角柱底部均已开裂，梁 A23 的 2 轴侧裂缝自顶部向下延伸，2～4 层约一半柱端已有明显水平裂缝，3 层 4 轴线上的梁在与角柱相连的端部均已开裂。

模型 D2K1 中，3 层接地柱柱顶、柱底均发生混凝土鼓起散落，梁 A12 跨中出现竖向细微裂缝，且在与轴线 2 相交的端部开裂，梁 A23 两端均开裂，梁 A34 在与轴线 4 相交的端部开裂；4～5 层部分梁端、柱端开裂；在掉层部分，1 层接地柱柱底均已开裂，2 层梁 4BC 与轴线 C 相交侧开裂。

模型 F6 的 1～4 层均出现楼板沿梁内侧开裂现象，1～2 层 1 轴线上梁侧面楼板贯通，1 层梁 C23 侧面楼板出现贯通裂缝，梁 C12 侧面楼板开裂但未贯通；1～3 层梁端出现新的裂缝且部分裂缝宽度显著增大，尤其在与角柱相连的梁端。

7）第 7 加载阶段后

本阶段共进行 1 个加载工况。

模型 F4 中，各层梁柱端裂缝数量均显著增加，且出现部分混凝土剥落现象，1 层柱底部均已开裂，且大部分为水平裂缝，柱 3A 底端角部开裂，2 层多数梁端开裂，且与角柱相连的梁端裂缝宽度增大，3～4 层有新的梁端、柱端裂缝产生。

模型 D2K1 中，3 层接地柱柱底、柱顶混凝土均已压溃外鼓或脱落；在掉层部分接地角柱底部角部表层混凝土脱落，梁端开裂程度增加。

模型 F6 中，楼板上梁测裂缝继续发展；1 层柱底部破坏严重，混凝土压碎散落现象显著，与角柱相连的梁端裂缝宽度显著增大；3 层 A 轴线、C 轴线上多数柱中上部混凝土鼓起剥落；5～6 层有新的梁端、柱端裂缝产生。

8）第 8 加载阶段后

本阶段共进行 1 个加载工况，之后模型最终破坏形态如图 4.7～图 4.9 所示。

模型 F4 中，1 层部分柱底混凝土碎落，2 层与角柱相连的梁端裂缝宽度增大显著，在 2 层柱底、3 层柱顶出现明显的混凝土块状脱落现象。

模型 D2K1 的上接地层中，上接地柱端部破坏程度最为严重，柱 2C 出现显著倾斜，2、3 轴线间梁中部出现竖向裂缝；在掉层部分，梁端裂缝有所增加，下接地柱底部裂缝均已明显贯通，且表现出不同程度的混凝土剥落，以角柱最为严重。

模型 F6 沿掉层框架的横坡向发生显著不可恢复的残余变形，柱端破坏程度在 1 层底、3 层顶相对显著，1 层柱柱底混凝土整体压溃。

（a）底层角柱

（b）底层边柱

（c）2 层角柱梁柱节点

（d）2 层中部梁柱节点

图 4.7　模型 F4 最终破坏状态

（e）x 向整体破坏 （f）y 向整体破坏

图 4.7（续）

（a）上接地角柱 （b）上接地边柱 （c）下接地角柱

（d）接地与非接地连接部分 （e）掉层部分顺坡向

（f）掉层部分顺坡向 （g）上接地部分

图 4.8 模型 D2K1 最终破坏状态

（h）顺坡向整体破坏

（i）横坡向整体破坏

图 4.8（续）

（a）底层角柱

（b）底层边柱

（c）3 层边柱

（d）2 层中部梁柱节点

（e）3 层角部梁柱节点

（f）x 向整体破坏

（g）y 向整体破坏

图 4.9　模型 F6 最终破坏状态

4.2.2 破坏特征

从以上试验现象可知,各模型的裂缝发展部位和过程相差较大,破坏形态明显不同,各加载阶段后各模型裂缝发展情况见表 4.7~表 4.9。

表 4.7 模型 F4 破坏情况

加载阶段	模型 F4
1	模型未发现可见裂缝
2	裂缝出现于 3~4 层个别柱端
3	3~4 层柱端有新的水平裂缝出现,1~2 层出现梁端裂缝
4	各层均有新裂缝出现,1 层柱底开裂,且有梁端开裂
5	1~2 层与角柱相连的梁端开裂,2~3 层部分柱端裂缝贯通
6	1 层角柱底部均开裂,2~4 层约一半柱端已有明显水平裂缝
7	各层梁柱端部裂缝数量显著增加,且出现混凝土剥落
8	1 层部分柱底混凝土压碎,2 层底、3 层顶有明显混凝土块状脱落,梁端破坏程度轻于柱端

表 4.8 模型 D2K1 破坏情况

加载阶段	模型 D2K1
1	3~5 层柱端细微水平裂缝
2	裂缝多集中于 3 层上接地柱及 4~5 层,2 层角柱端部双向水平裂缝
3	主要为 3~5 层水平裂缝,掉层出现梁端裂缝
4	上接地柱底部裂缝延伸贯通,与 3 层上接地柱相连的梁端开裂,非接地柱柱底开裂;掉层梁柱端部裂缝增多
5	上接地角柱底部混凝土剥落,梁端裂缝宽度增加
6	3 层接地柱两端混凝土鼓起散落,3 层梁均已开裂,1 层接地柱均开裂
7	3 层接地柱端混凝土压溃,下接地角柱破坏程度增加;梁端裂缝加剧
8	下接地柱底裂缝均贯通,上接地柱显著倾斜,模型严重破坏但未倒塌

表 4.9 模型 F6 破坏情况

加载阶段	模型 F6
1	3~5 层柱端细微水平裂缝
2	裂缝主要在 2~6 层发展
3	底层部分柱底开裂
4	1~3 层出现较多梁端裂缝
5	局部楼板在梁内侧开裂,1~3 层梁端、柱端裂缝增多
6	1~4 层均出现楼板开裂,与角柱相连梁端裂缝宽度显著增大
7	1 层柱底部破坏严重,梁端裂缝宽度进一步增加,3 层多数柱中上部混凝土剥落
8	在 y 轴方向整体显著倾斜,模型严重破坏但未倒塌

基础等高嵌固的常规框架结构模型 F4 和模型 F6 中,梁端和柱端裂缝得到充分发育。

模型 F6 破坏严重，后期楼板沿梁内侧开裂参与耗能，最终 1 层柱底和 3 层顶柱所有端部均出现严重的混凝土压碎脱落现象，已形成机构；模型 F4 中多数梁柱端部均已开裂破坏，1～3 层柱端破坏程度并无显著差异且明显重于 4 层，但尚未有明显的机构形成。模型 F4 的破坏程度轻于模型 F6，这是由于模型 F4 的刚度更大的原因所致。模型中柱端开裂的程度重于梁端，这与楼板对梁实际刚度和承载力的加强有关，且设计中并未考虑柱轴力的变化对其承载力的影响，以及强震时结构的内力重分布的影响。除这些设计因素外，缩尺模型中楼板厚度理论值为 17.5mm，但实际施工中略有偏大，这也进一步增大了梁的刚度。

掉层框架结构模型 D2K1 的破坏表现为梁柱混合铰，$a_{PGx}<0.84g$ 时裂缝主要在上部结构的构件端部，$a_{PGx}=0.84g$ 时已可明显观察到上接地柱破坏相对其他构件严重，这与上接地柱截面配筋按抗震承载力要求控制有关。之后，随地震强度增加，掉层部分的构件破坏程度显著增大，结构破坏向下接地柱端部转移。结构接地角柱的角部混凝土脱落，表现出显著受扭破坏特征，最终结构上接地柱破坏程度显著严重于其他构件，破坏集中于上接地柱端部。依据《建筑抗震设计规范（2016 年版）》（GB 50011—2010）设计时，掉层框架结构的破坏过程和最终的破坏状态明显不同于基础等高嵌固的常规框架结构。

4.3 试验数据处理

4.3.1 动力特性

将各白噪声工况中模型的各层加速度信号对台面加速度信号作传递函数，从而确定模型在各个加载阶段前后的频率及振型曲线。表 4.10～表 4.12 给出了模型沿两水平向的前 3 阶频率。模型的主要频率与设计预期接近，其中 x 向对应掉层框架的顺坡向和常规框架的长轴方向，y 向对应掉层框架的横坡向和常规框架的短轴方向。图 4.10 给出了模型在不同加载阶段地震作用后频率的变化趋势。

表 4.10 模型 F4 频率 （单位：Hz）

白噪声工况	x 向			y 向		
	f_1	f_2	f_3	f_1	f_2	f_3
1	9.81	31.86	52.05	9.09	30.50	50.83
30	9.60	31.34	51.72	8.87	29.97	50.26
35	7.91	27.07	44.08	7.65	26.45	43.94
38	6.70	23.82	39.61	6.39	22.94	39.10
40	6.23	21.83	36.46	5.88	20.78	35.56
42	4.96	17.21	29.56	4.72	16.51	28.75
44	4.36	15.21	26.48	4.03	14.56	25.56
46	3.62	12.78	22.84	3.32	11.94	21.06
48	3.00	10.95	19.67	2.77	10.25	17.70

表 4.11   模型 D2K1 频率   （单位：Hz）

白噪声工况	x 向			y 向		
	f_1	f_2	f_3	f_1	f_2	f_3
1	6.75	23.72	33.98	5.64	19.32	35.42
30	5.57	20.3	30.88	4.89	17.07	31.65
35	4.77	17.08	27.14	4.13	14.98	27.55
38	4.23	15.93	24.61	3.53	12.77	24.66
40	4.03	14.05	23.83	3.07	12.31	22.13
42	3.41	13.54	22.19	2.68	10.67	20.63
44	3.15	12.89	21.11	2.27	10.19	19.32
46	2.96	11.15	19.18	2.00	9.20	18.80
48	2.46	9.80	17.53	1.79	8.55	16.92

表 4.12   模型 F6 频率   （单位：Hz）

白噪声工况	x 向			y 向		
	f_1	f_2	f_3	f_1	f_2	f_3
1	5.47	17.75	31.91	5.05	16.95	30.94
30	4.75	15.43	27.38	4.53	15.25	27.51
35	3.93	13.19	24.06	3.98	13.47	23.96
38	3.32	11.78	21.76	3.60	12.32	21.91
40	2.86	10.47	19.94	3.08	11.43	19.64
42	2.10	9.29	18.25	2.54	10.52	18.74
44	1.84	8.43	17.02	2.15	9.62	17.90
46	1.71	7.96	15.94	1.97	9.17	17.26
48	1.35	7.86	15.97	1.68	8.32	16.44

由表 4.10～表 4.12 和图 4.10 可知以下结论。

（1）地震工况加载前，模型 F4 在水平向及竖向的频率均大于另外两个模型。模型 D2K1 与模型 F6 在 x、y 两方向的 1 阶频率之比分别为 1.23、1.12，模型 D2K1 两方向上的抗侧刚度均大于模型 F6，且在 x 向比值更大些，表明岩质边坡对框架结构两方向上抗侧刚度均有影响且在顺坡向更显著些。

（2）随地震动强度增加，模型水平向各阶频率呈降低趋势，两水平方向上 1 阶频率下降程度最大。第 1 加载阶段后，模型 F4 频率降低比例在 3%以内，而模型 D2K1 和 F6 频率均降低至震前频率的 85%左右，这与试验中该加载阶段后模型 F4 未有可见裂缝，而模型 D2K1 和 F6 中出现较多细微裂缝的现象一致，该阶段地震作用后模型已有一定程度损伤。第 8 加载阶段后，在 x 向，模型 D2K1 的 1 阶、3 阶频率降低幅度均小于模型 F6、模型 F4，而 2 阶频率的降低程度介于模型 F6、模型 F4 之间，F4 的 2 阶频率降低更多；在 y 向，模型 D2K1 的前 3 阶频率降低程度大于模型 F6，而小于模型 F4。三

模型在 x 向的 1 阶频率降低程度相差较大，模型 F4、模型 D2K1、模型 F6 最终依次下降至震前频率的 30%、36%、25%。掉层框架模型 D2K1 在该方向的频率降低程度小于常规框架，在 y 向的 1 阶频率最终降低程度较接近，为 30%～33%。

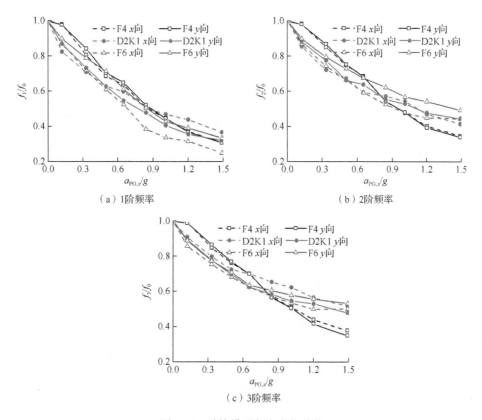

图 4.10　结构模型频率变化趋势

（3）对模型 F4，试验过程中 x 向与 y 向前 3 阶频率的降低程度始终对应相同，该模型在两方向的累计损伤程度接近。对模型 F6，整个试验过程中，x 向前 3 阶频率的降低程度始终大于 y 向对应频率，该模型在 x 向的累积损伤程度大于 y 向。对模型 D2K1，第 3 加载阶段前，x 向 1 阶、2 阶频率的下降程度大于 y 向，而在该加载阶段之后，y 向 1 阶频率的下降程度更大，y 向 2 阶频率下降程度与 x 向接近且互有大小，y 向 3 阶频率下降程度始终大于 x 向，表明掉层 RC 框架结构在地震作用前期顺坡向（x 向）的累积损伤重于横坡向（y 向）。随地震强度增大，横坡向的累积损伤更严重，结构刚度退化严重的主轴方向发生变化，常规框架中无此现象。

不同试验加载阶段前后，常规 RC 框架结构模型 F4、模型 F6 和掉层 RC 框架结构模型 D2K1 实测得到的振型曲线如图 4.11～图 4.13 所示，以最大元素为 1 或-1 进行归一化处理。

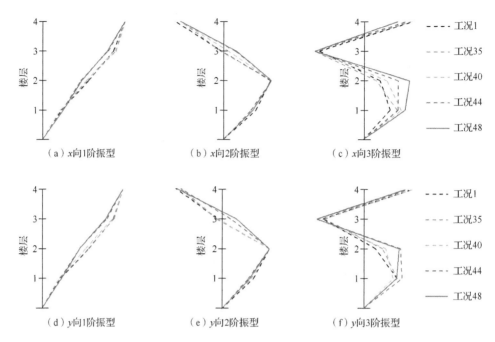

图 4.11 常规 RC 框架结构模型 F4 前 3 阶振型曲线

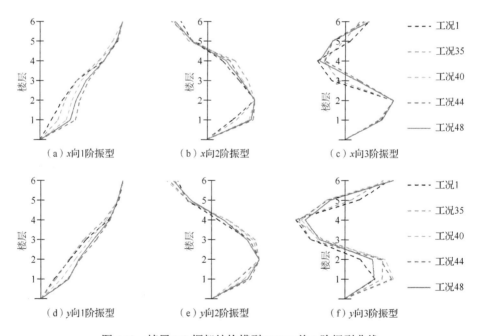

图 4.12 掉层 RC 框架结构模型 D2K1 前 3 阶振型曲线

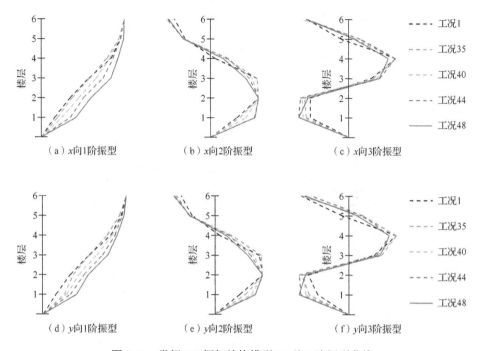

图 4.13　常规 RC 框架结构模型 F6 前 3 阶振型曲线

（1）地震工况加载前（工况 1），模型在两个方向的 1 阶振型曲线均呈剪切型。将总层数相同的模型 F6 和模型 D2K1 比较可知，模型 F6 在 1～4 层斜率基本不变，模型 D2K1 的 x 向 1 阶振型曲线在 3～4 层有显著的斜率变化；除 x 向 2 阶振型外，两模型其他 2 阶、3 阶振型曲线对应相似。

（2）随地震动强度增加，模型逐渐破坏，振型曲线也在不断变化。模型 F4 两方向 1 阶振型曲线在 2～3 层内凹，而模型 F6 和模型 D2K1 的 1 阶振型曲线出现振型外鼓，这与各模型损伤累积的位置不同是相对应的；第 8 加载阶段后（工况 48），模型 F6 两方向上 1～3 层外鼓显著，模型 D2K1 的振型外鼓在第 1 层最为严重。模型 F4 的 2 阶振型曲线外凸位置不变，同时振型节点位置上移，模型 F6 和模型 D2K1 的 2 阶振型曲线外凸位置均不断向下移。模型 D2K1 在 x 向的 3 阶振型曲线在掉层楼层部分不变，其他 3 阶振型曲线在 1～2 层的外凸程度均有所增大；两方向的 3 阶振型曲线中，模型 F4 的下部振型节点位置向上移，模型 F6 的上部振型节点上移，模型 D2K1 中两振型节点均上移。

4.3.2　加速度响应

加速度放大系数为模型的楼层加速度响应峰值与输入加速度峰值之比。图 4.14 和图 4.15 给出了第 1 加载阶段单向加载工况中模型 D2K1 的加速度放大系数。

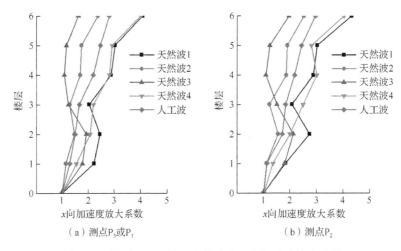

图 4.14　模型 D2K1 第 1 加载阶段 x 向加速度放大系数

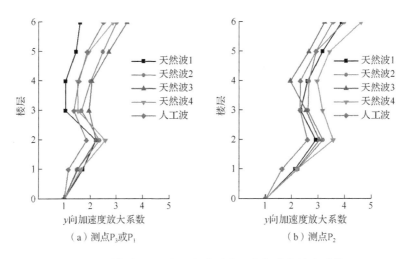

图 4.15　模型 D2K1 第 1 加载阶段 y 向加速度放大系数

由图 4.11～图 4.15 可知，同一加载工况下，在模型 D2K1 的顺坡向，不同测点得到的加速度放大系数随楼层的变化趋势相同，其值也较为接近，认为在顺坡向的单向加载下，模型 D2K1 的反应为沿该方向的平动；在横坡向（y 向），测点 P_3 或 P_1 与测点 P_2 处的加速度放大系数相差较大。整体来说，掉层侧测点 P_2 处的加速度放大系数更大些，表明在沿横坡向单向加载时，模型 D2K1 同一楼层的响应差异显著，结构发生扭转。另外，须注意到，在横坡向所有的单向加载工况中，模型 D2K1 在上接地层即 3 层的加速度放大系数相对于 2 层有所减小，但在 1～2 层及 3～6 层仍分别沿楼层呈增大趋势。

加速度放大系数随地震峰值加速度 a_{PGx} 增大的变化趋势可反映结构动力响应的变化情况，以各加载阶段中顺坡向为主方向的天然波 2 三向加载工况为研究对象，研究结构加速度响应随 a_{PGx} 增大的变化趋势。图 4.16～图 4.18 给出了模型 F4、模型 F6 和模型 D2K1 在掉层侧即测点 P_2 处的结果。

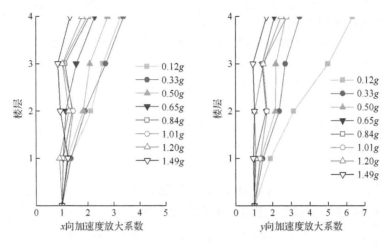

图 4.16　模型 F4 各加载阶段加速度放大系数

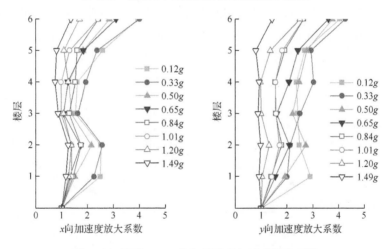

图 4.17　模型 D2K1 各加载阶段加速度放大系数

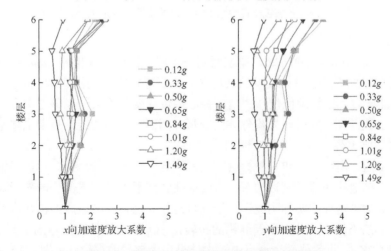

图 4.18　模型 F6 各加载阶段加速度放大系数

由图 4.16～图 4.18 可知：

（1）随 $a_{\mathrm{PG}x}$ 的增加，模型两方向的楼层加速度放大系数呈减小趋势，表明结构逐渐进入弹塑性状态，刚度逐渐降低。在 $a_{\mathrm{PG}x}=1.49g$ 时，模型均有部分楼层加速度放大系数小于 1，表明此时结构刚度大大降低，相应楼层不再发生地震作用的放大，模型已严重破坏。

（2）模型 F4、模型 F6 的加速度放大系数沿楼层增加呈增大趋势，且在 x 向、y 向该趋势随地震强度增加基本不变。而在模型 D2K1 的 3 层（上接地层），整个试验过程中沿 x 向的加速度放大系数相对于 2 层均有所减小，这与模型的部分地震动自上接地柱底部输入有关，其减小趋势随 $a_{\mathrm{PG}x}$ 的增大逐渐减弱。在多数工况中，3 层沿 y 向的加速度放大系数相对 2 层有所减小，但减小程度弱于 x 向。

4.3.3　位移响应

将模型各层位移时程与输入位移时程相减可得到模型各层的相对位移时程，其最大值为模型的层位移。模型 D2K1 两对角位置的位移不同。图 4.19 给出了各加载阶段模型 D2K1 楼层不同测点最大层位移。

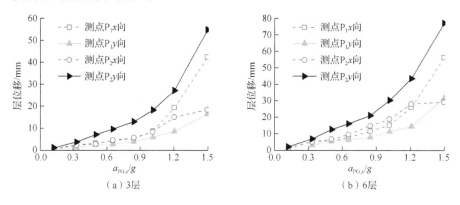

图 4.19　各加载阶段模型 D2K1 楼层不同测点最大层位移

由图 4.19 可知：

（1）在 x 向，$a_{\mathrm{PG}x}\leqslant1.01g$ 时，模型两侧在 3 层的位移基本相等，$a_{\mathrm{PG}x}=1.20g$ 时，上接地侧 3 层位移大于掉层侧；$a_{\mathrm{PG}x}\leqslant1.20g$ 时，在模型 6 层，掉层侧的位移略大于上接地侧；$a_{\mathrm{PG}x}=1.49g$ 时，上接地侧位移突增而掉层侧位移变化不大。在该方向上，模型表现为平动，在加载前期，同层竖向构件共同变形，两侧柱位移接近，后期上接地柱端部破坏严重，掉层侧实测位移小于上接地侧。

（2）在 y 向，模型 3 层和 6 层掉层侧位移均始终大于上接地侧。对掉层框架结构的上接地层，上接地柱底部为刚性约束，非接地柱底部则由于掉层部分的变形而存在平动和转角，造成上接地柱的实际刚度远大于非接地柱，这种差异造成结构在横坡向刚度中心和质量中心的不重合，从而引起结构的扭转，使上接地侧的变形不同于掉层侧。

对模型 D2K1，将各层两个测点中较大结果作为该层的层位移。图 4.20～图 4.22 为模型 F4、模型 D2K1 和模型 F6 在天然波 2 的三向加载工况下沿 x、y 两方向的层位移。

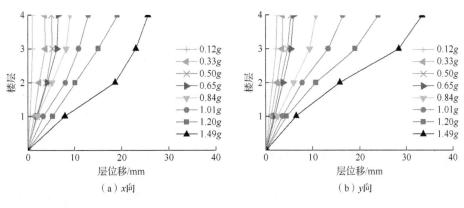

（a）x 向　　　　　　　　　　（b）y 向

图 4.20　各加载阶段模型 F4 层位移

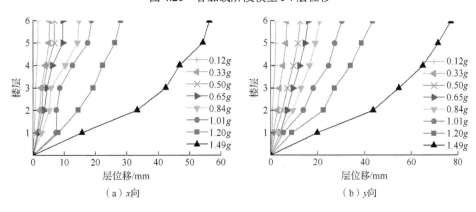

（a）x 向　　　　　　　　　　（b）y 向

图 4.21　各加载阶段模型 D2K1 层位移

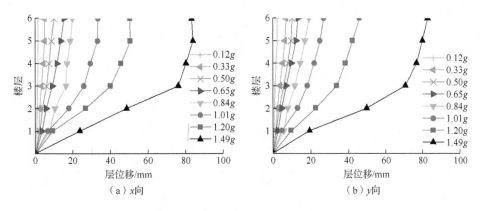

（a）x 向　　　　　　　　　　（b）y 向

图 4.22　各加载阶段模型 F6 层位移

由图 4.20～图 4.22 可知：

（1）随地震强度增加，结构模型变形逐渐增大。模型 F4 在 y 向的最终变形大于 x 向，$a_{\mathrm{PG},x}=1.49g$ 时，1～2 层在 x 向的变化趋势较大，而 2～3 层在 y 向的变化趋势较大。

模型 F6 在两方向最终变形相差不大，1～3 层变形趋势显著大于 4～6 层。模型 D2K1 沿 y 向的变形大于 x 向，在 $a_{PGx} \geqslant 1.20g$ 时，1～2 层的变形趋势大于 3～6 层。

（2）模型 F4、模型 F6 和模型 D2K1 在 x 向的变形形状差异较大。模型 F4、模型 F6 的变形呈剪切变形特征，$a_{PGx}=0.84g$ 时，模型 F6 中 1～3 层变形趋势开始增大，最终在 1～3 层形成机构。模型 D2K1 在 x 向的变形始终小于模型 F6，在 $a_{PGx}=1.01g$ 时，模型的 1～2 层变形较大，表明此加载阶段掉层部分损伤严重，之后上接地层及掉层部分变形增加显著。模型 F6 和模型 D2K1 在 y 向的变形相似，均在下部楼层产生较大变形。

图 4.23 为模型在天然波 2 的三向加载工况下顶点层位移随地震强度 a_{PGx} 的变化趋势。由图 4.23 可知，随地震强度增大，模型顶点位移均不断增加。$a_{PGx} \geqslant 1.01g$ 时，模型位移增大趋势显著。模型 F4 沿 y 向的位移稍大于 x 向，模型 F6 两方向位移接近，模型 D2K1 沿 y 向顶层位移明显大于沿 x 向。加载后期，两方向的位移关系为模型 F4<模型 D2K1<模型 F6，且模型 D2K1 沿 y 向的位移更接近模型 F6。

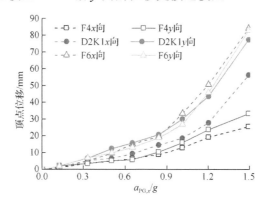

图 4.23　模型顶点位移与地震强度关系

将各层位移时程与相邻下层对应测点的位移时程相减，得到层间位移时程，其最大值为模型的层间位移，将层间位移除以模型对应层高，得到各层的层间位移角。对模型 D2K1，取两个测点中较大者为该层的层间位移角。图 4.24～图 4.26 为天然波 2 的三向加载工况下模型沿 x、y 两方向的层间位移角。

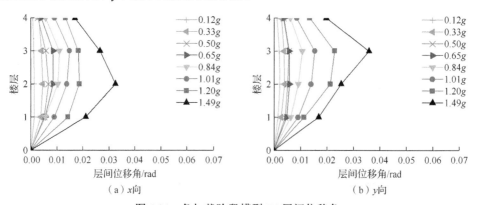

（a）x 向　　　　　　　　　　（b）y 向

图 4.24　各加载阶段模型 F4 层间位移角

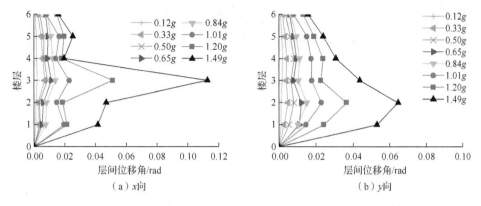

图 4.25　各加载阶段模型 D2K1 层间位移角

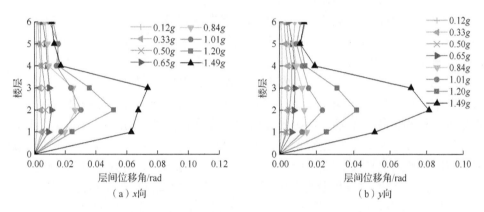

图 4.26　各加载阶段模型 F6 层间位移角

由图 4.24～图 4.26 可知：

（1）在 $a_{\mathrm{PG}x}$=1.49g 时，模型 F4 沿 x 向、y 向的最大层间位移角分别出现在 2 层、3 层；模型 D2K1 沿 x 向最大层间位移在 3 层，沿 y 向则在 2 层；模型 F6 沿 x 向、y 向 1～3 层的层间位移角显著大于其他层，最大层间位移角分别出现在 3 层、2 层，这与模型的最终破坏状态是一致的。

（2）沿 x 向，$a_{\mathrm{PG}x}$≤0.65g 时，模型 F6 层间位移角在 1～2 层大于模型 D2K1，在 3 层小于模型 D2K1；$a_{\mathrm{PG}x}$≥0.84g 时，模型 F6 层间位移角在 1～3 层显著增大，表明相应加载阶段模型 F6 在 1～3 层损伤相对较大；最大层间位移角始终在结构 1～3 层。$a_{\mathrm{PG}x}$≤1.20g 时，模型 F4 中 1～3 层的层间位移角相差不大；$a_{\mathrm{PG}x}$=1.49g 时，2 层层间位移角增加程度大于 1 层和 3 层。模型 D2K1 在 $a_{\mathrm{PG}x}$=1.01g 时掉层部分层间位移角增大显著，表明此时掉层楼层的破坏程度明显增大，之后掉层部分及上接地层层间位移角均有显著增加，但最大层间位移角始终在上接地层，该层间位移角为上接地柱的层间位移角。

（3）沿 y 向，$a_{\mathrm{PG}x}$≤0.65g 时，模型 F6 层间位移角在 1～2 层大于模型 D2K1，在 3 层与模型 D2K1 相近。$a_{\mathrm{PG}x}$=0.84g 时，模型 F6 最大层间位移角在 1 层，且相对前一加

载阶段增加程度较大，之后的加载阶段，最大层间位移角均出现在 2 层。$a_{\mathrm{PG},x} \leqslant 0.84g$ 时，模型 F4 的 1～3 层层间位移角接近，之后 3～4 层层间位移角逐渐大于 2 层，最终最大层间位移角出现于 4 层。模型 D2K1 在 $a_{\mathrm{PG},x}=0.84g$ 时，最大层间位移角由前一加载阶段的 4 层转移至 2 层，且在以后的加载阶段，掉层部分及上接地层层间位移角的增大程度大于 4～6 层，2 层层间位移角最大。

各加载阶段模型 D2K1 在上接地层两测点的 x 向层间位移角如图 4.27 所示。由图 4.27 可知，在 x 向，$a_{\mathrm{PG},x} \leqslant 0.84g$ 时，3 层测点 P_1（上接地侧）的层间位移角略大于测点 P_2（掉层侧），之后上接地侧层间位移角增大显著，两侧层间位移角差异较大。两测点层间位移角的差异一方面是由于计算基准不同，掉层侧在 2 层顶存在一定程度变形；另一方面表明两侧构件损伤情况不一致，后期加载阶段中，上接地侧构件损伤程度较掉层侧严重，在上接地层层间相对变形更大。

图 4.28 为模型在天然波 2 的三向加载工况中最大层间位移角随 $a_{\mathrm{PG},x}$ 的变化趋势。由图 4.28 可知，随地震强度增大，模型最大层间位移角均不断增加。在 x 向，$a_{\mathrm{PG},x} \leqslant 0.65g$ 时，模型 D2K1 的最大层间位移角值稍大于模型 F4 和模型 F6。$a_{\mathrm{PG},x}=0.84g$ 和 $1.01g$ 时，模型 F6 的最大层间位移角值关系为模型 F6＞模型 D2K1＞模型 F4。$a_{\mathrm{PG},x} \geqslant 1.01g$ 后，模型 D2K1 最大层间位移角迅速增大甚至大于模型 F6，这是由于掉层框架模型上接地柱破坏严重导致其层间位移角骤增，表明局部构件的严重破坏对结构的整体抗震性能是不利的，设计中应合理控制结构上接地柱的破坏程度。在 y 向，$a_{\mathrm{PG},x} \leqslant 0.65g$ 时，模型 D2K1 的最大层间位移角值稍大于模型 F4 和模型 F6，之后模型 F6 的最大层间位移角迅速增加，D2K1 的最大层间位移角最终介于模型 F4 和模型 F6 之间，但更接近模型 F6。因此，当上接地柱的破坏程度在一定范围内时，掉层框架结构最大层间位移角随地震强度增加的增大趋势是可控的，掉层框架结构并不总是弱于常规框架结构。

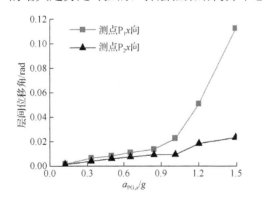

图 4.27   模型 D2K1 的 3 层测点 x 向层间位移角

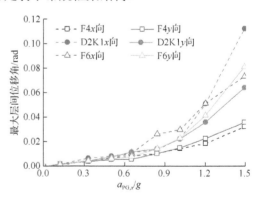

图 4.28   模型最大层间位移角与地震强度关系

4.3.4   扭转反应

模型 D2K1 在不同地震强度下的层扭转角与层间扭转角的最大值及其所在楼层情况见表 4.13，沿楼层的分布情况如图 4.29 所示。由图 4.29、表 4.13 可知：

（1）随地震强度增加，山地掉层 RC 框架结构模型的扭转效应逐渐显著。在同一地震强度下，1～2 层与 3～6 层扭转角沿楼层的变化趋势均相对较弱，3 层的层扭转角相对 2 层发生突变。a_{PGx}=1.49g 时，各层的层扭转角均显著增加，此时结构上接地柱破坏严重，结构的抗扭刚度降低。

表 4.13　模型 D2K1 层扭转角信息

地震强度	最大层扭转角/rad	最大层扭转角所在楼层	最大层间扭转角/rad	最大层间扭转角所在楼层
0.12g	$2.38×10^{-3}$	5	$1.42×10^{-3}$	3
0.33g	$6.94×10^{-3}$	6	$4.77×10^{-3}$	3
0.50g	$1.28×10^{-2}$	6	$8.07×10^{-3}$	3
0.65g	$1.63×10^{-2}$	6	$1.16×10^{-2}$	3
0.84g	$2.28×10^{-2}$	6	$1.39×10^{-2}$	3
1.01g	$2.77×10^{-2}$	6	$1.96×10^{-2}$	3
1.20g	$4.12×10^{-2}$	6	$2.67×10^{-2}$	3
1.49g	$6.38×10^{-2}$	6	$5.38×10^{-2}$	3

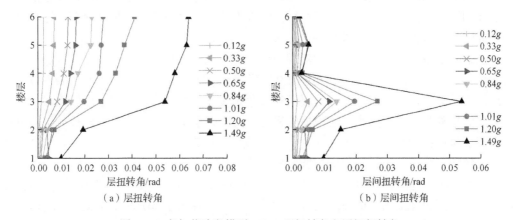

（a）层扭转角　　　　　　　　　（b）层间扭转角

图 4.29　各加载阶段模型 D2K1 层扭转角和层间扭转角

（2）各个工况下，层间扭转角均在 3 层即上接地层最大，表明该层扭转效应最为显著；同一地震强度下，2 层层间扭转角仅次于 3 层，1 层层间扭转角大于或略小于 4～6 层，表明掉层部分的扭转效应相对上部结构显著。

4.4　破坏模式分析

根据山地掉层框架结构试验破坏现象及响应分析结果，对结构的地震破坏模式进行分析。

山地掉层结构中，上接地柱的刚度远大于非接地柱，因此承担该层大部分的水平剪力，同时接地柱与非接地柱刚度的差异造成结构在横坡向刚度中心和质量中心的不重合，引起横坡向地震作用时结构的扭转。结构进入弹塑性阶段后，上接地柱端部出现塑性铰，并引起与之相连的梁端开裂，上接地柱底塑性铰的出现降低了柱的刚度，结构的整体刚度与刚度分布发生变化，致使结构发生内力重分布，掉层部分分担的剪力比例增大，塑性铰向下接地柱端转移；同时上接地层竖向构件的刚度差异缩小，部分非接地柱出铰。结构上接地层扭转效应显著，上接地柱端部严重破坏。掉层部分的破坏程度相对上接地柱较轻，楼板及梁的协同作用使得结构仍能保持整体性。结构破坏表现为"梁柱混合铰"，但最终的破坏主要集中在上接地构件的端部，本质上是局部构件的破坏。

4.5 小   结

本章介绍了常规框架结构、掉层 RC 框架结构振动台试验的设计概况，基于结构模型在地震作用时的破坏现象，进行破坏特征分析，并对动力特性、加速度响应、位移反应等进行对比分析，研究了掉层 RC 框架结构与常规 RC 框架结构的动力响应差异，主要得到以下结论。

（1）依据《建筑抗震设计规范（2016 年版）》（GB 50011—2010）设计时，掉层框架结构 D2K1 的破坏首先出现于上部结构，上接地柱达到一定程度破坏后，掉层部分梁柱破坏加剧，角柱表现出受扭破坏特征；结构破坏最终集中于上接地柱端部，这与等高基础嵌固的常规框架结构的破坏特征显著不同。

（2）掉层 RC 框架结构模型 D2K1 和常规 RC 框架结构的 1 阶振型曲线均呈剪切型，岩质边坡对掉层 RC 框架结构顺坡向的刚度影响程度大于横坡向；加速度放大系数在上接地层有明显收进；顺坡向的最大层间位移角始终在上接地层，地震强度较大时，掉层部分层间位移角有显著增大，结构损伤累积位置向掉层部分转移，横坡向最大层间位移角在掉层楼层；加载后期，上接地柱的严重破坏导致其层间位移角骤增。掉层 RC 框架结构扭转效应显著，上接地层的层间扭转角最大。

（3）基于《建筑抗震设计规范（2016 年版）》（GB 50011—2010）设计时，掉层 RC 框架结构模型 D2K1 顺、横坡向的最大位移和层间位移角基本介于对应的常规 RC 框架结构模型 F6、F4 之间，加载后期上接地构件的严重破坏使得其层间位移角大于常规 RC 框架结构除外。在横坡向，扭转作用的存在使得结构掉层侧位移始终大于上接地侧，且位移值与常规 RC 框架结构模型 F6 的位移接近。掉层框架结构并不总是弱于常规框架结构。

第5章 基于数值模拟的山地掉层框架结构地震破坏模式分析

由于试验的高成本及研究内容的局限性，研究人员仅可得到特定模型试验现象及动力特性、变形等部分地震响应结果，对结构的地震响应影响规律、构件在不同地震强度下的内力分配、破坏程度和发展过程认识尚有不足。为全面评估结构在地震作用下的响应特征，本章采用数值模拟方法进行该方面的研究，研究掉层框架结构的地震响应影响规律；考虑到欠质量的振动台模型在试验过程中的重力失真情况，以原型结构为研究对象，进行各阶段内力的分配与重分布、结构塑性铰的发展过程等分析。

5.1 分析模型

在 OpenSees 分析软件中，以梁、柱为基本单元，建立 RC 框架结构的杆系模型，楼板采用刚性隔板假定，梁柱节点为固结，采用瑞利阻尼，考虑 P-Δ 效应。

5.1.1 模型及分析方法

1. 材料本构关系

混凝土采用 Concrete02 模型。模型的受压骨架曲线采用 Scott 等在 Kent-Park 模型基础上修正后得到的 Scott-Kent-Park 模型[51]，受拉骨架曲线由两段直线组成。该模型形式简洁，能较精确模拟材料受压区行为。

Concrete02 模型的骨架曲线及滞回规则如图 5.1 所示。其中受压骨架曲线由抛物线段、斜直线段及水平直线段组成，通过修改峰值应力 σ_c、应变 ε_c 及软化段斜率 Z_m 来考虑横向箍筋的影响，如式（5.1）所示。受压区的滞回规则为混凝土受压卸载时先按初始刚度向下卸载至其一半，之后开始考虑刚度退化系数进行卸载和再加载或反向加载（混凝土受拉），可以卸载至混凝土受拉[52]。

$$\sigma_c = \begin{cases} Kf_c'\left[\dfrac{2\varepsilon_c}{0.002K} - \left(\dfrac{\varepsilon_c}{0.002K}\right)^2\right] & \varepsilon_c \leq 0.002K \\ Kf_c'\left[1 - Z_m\left(\varepsilon_c - 0.002K\right)\right] \geq 0.2Kf_c' & \varepsilon_c > 0.002K \end{cases} \tag{5.1}$$

其中

$$K = 1 + \frac{\rho_s f_{yh}}{f_c'} \tag{5.2}$$

$$Z_m = \cfrac{0.5}{\cfrac{3+0.29f_c'}{145f_c'-1000} + \cfrac{3}{4}\rho_s\sqrt{\cfrac{h''}{s_h}} - 0.002K} \tag{5.3}$$

式中，f_c' 为混凝土圆柱体抗压强度（MPa）；K 为箍筋约束引起的混凝土强度提高系数；$0.002K$ 为相应峰值应变，对无箍筋约束混凝土，$K=1$；Z_m 为应变软化段斜率；ρ_s 为箍筋体积配箍率；f_{yh} 为箍筋屈服强度（MPa）；h'' 为从箍筋外边缘起算的核心区混凝土宽度（mm）；s_h 为箍筋间距（mm）。

混凝土受箍筋约束时，混凝土极限压应变按式（5.4）取值。

$$\varepsilon_u = 0.004 + 0.9\rho_s\left(\frac{f_{yh}}{300}\right) \tag{5.4}$$

钢筋采用曲哲等[53]提出的基于有效滞回耗能的承载力退化模型，该模型源自基于有效滞回耗能的钢筋混凝土构件承载力退化模型。将宏观构件的承载力退化计入钢筋纤维滞回本构模型始于 Youssef 等[54]的研究，该思想是基于以下认识提出的：构件的承载力退化机理是钢筋与混凝土间的黏结滑移和混凝土保护层的剥落，同时钢筋的本构对构件在往复加载时的反应有决定性作用。试验结果表明，以钢筋强度的退化来考虑构件的承载力退化是有效的。基于有效滞回耗能的承载力退化模型如图 5.2 所示。

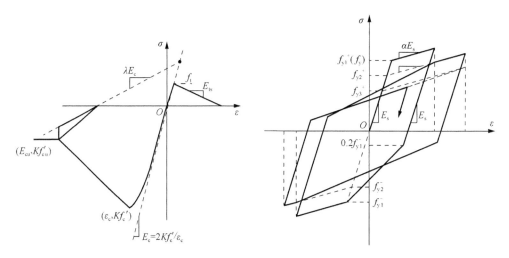

图 5.1 Concrete02 单调加载骨架曲线　　　图 5.2 考虑承载力退化的钢筋本构模型

该模型中，加载至屈服点后，反向加载时先按照卸载刚度加载至 20%的峰值点，再指向峰值点，通过改变骨架曲线来反映钢筋强度的退化，此时钢筋强度的退化考虑了钢筋与混凝土间的黏结滑移和混凝土保护层剥落等引起的综合效果。强度退化由式（5.5）、式（5.6）确定。

$$f_{yi} = f_{y1}\left[1 - \frac{E_{\text{eff},i}}{3f_{y1}\varepsilon_f(1-\alpha)}\right] \geqslant 0.3f_{y1} \tag{5.5}$$

$$E_{\text{eff},i} = \sum \left[E_i \cdot \left(\frac{\varepsilon_i}{\varepsilon_f} \right)^2 \right] \tag{5.6}$$

式中，$E_{\text{eff},i}$ 为第 i 循环的有效滞回耗能；E_i 为第 i 循环的滞回耗能，ε_i 为第 i 循环的最大应变；ε_f 为单调加载至破坏时的钢筋应变；α 为屈服后刚度系数。该模型的控制参量为弹性模量 E_s，屈服强度 f_y，屈服后刚度系数 α 和极限变形 ε_f。

极限变形 $\varepsilon_f = 0.15\lambda_v / \lambda_N$。其中 $\lambda_v = \rho_v f_{yv} / f_c$，为构件的配箍特征值，$\rho_v$ 为体积配箍率，f_{yv} 为箍筋屈服强度，f_c 为混凝土的轴心抗压强度；$\lambda_N = N / (f_c A) \geqslant 0.1$，为构件轴压比，$N$ 为构件轴压力，A 为构件截面面积。

2. 截面和单元

梁、柱截面采用纤维截面，截面包括一系列钢筋纤维和一系列混凝土纤维，通过钢筋和混凝土各自的应力-应变关系来表达钢筋纤维和混凝土纤维的力学性能。纤维截面组成的杆件满足平截面假定，由各纤维的应力-应变关系积分得到截面的力和变形，能模拟双向弯曲和轴向变形对截面恢复力的影响。

在钢筋混凝土截面中，对混凝土纤维一般分别按位置分约束混凝土和非约束混凝土指定本构关系。

3. 柱剪切效应

在掉层框架结构模型中，上接地柱承担较大剪力，且剪跨比为 2～3，根据试验结果[55-56]，柱有可能发生弯剪破坏或剪切破坏，因此在模型中对上接地柱考虑剪切效应的影响。

在目前的研究中，对构件剪切效应模拟的研究主要在材料层次、截面层次和单元层次展开[57-59]。材料层次的模拟通过修正压应力场理论，直接在材料的应力-应变层面考虑剪切，虽然计算精度高，但由于原理复杂，计算量大，在数值模拟中很少使用。截面层次的模拟则是在截面层次叠加剪切模型。在 OpenSees 软件中，可在截面层次定义非线性剪切恢复力模型。然后利用 Section Aggregator 功能将其组合到纤维模型中[60]。该方法在整体刚度中考虑了剪切刚度的影响，但剪切材料只与剪应变相关，不能考虑轴力、弯矩对剪切效应的影响。单元层次的模拟引入剪切弹簧，在 OpenSees 软件中，引入零长度单元（zero-length element）与梁柱单元串联，以剪切极限曲线（shear limit curve）和极限状态材料（limit state material）定义剪切弹簧的荷载-位移关系。以轴向极限曲线（axial limit curve）和极限状态材料（limit state material）定义轴向弹簧的荷载-位移关系，以考虑构件的弯曲效应、剪切效应和轴向效应[61-64]，其基本模型如图 5.3 所示。

本书在单元层次考虑剪切变形的影响，在剪切极限曲线中：

$$K_{\text{deg}} = \left(\frac{1}{K_{\text{deg}}^t} - \frac{1}{K_{\text{unload}}} \right)^{-1} \tag{5.7}$$

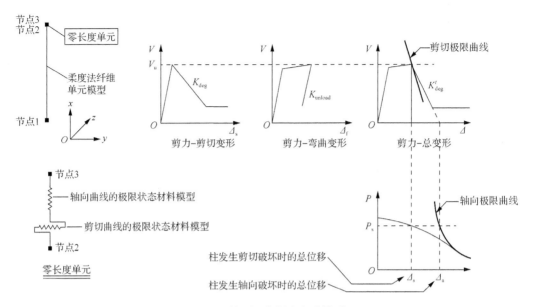

图 5.3　轴-弯-剪耦合串联模型

$$K_{\text{deg}}^{t} = \frac{V_{\text{u}}}{\varDelta_{\text{a}} - \varDelta_{\text{s}}} \qquad (5.8)$$

式中，K_{deg} 为剪切退化刚度；K_{deg}^{t} 为总的退化刚度；K_{unload} 为梁柱单元卸载刚度。$K_{\text{unload}} = 12EI_{\text{eff}}/L^{3}$，其中 EI_{eff} 取 $0.5EI_{\text{g}}$，EI_{g} 为总截面抗弯刚度。$\varDelta_{\text{s}}$ 和 $\varDelta_{\text{a}}$ 分别为柱发生剪切破坏和轴向破坏时的总位移；V_{u} 为截面极限承载力，即

$$V_{\text{u}} = V_{\text{c}} + V_{\text{s}} = k\left(\frac{6\sqrt{f_{\text{c}}'}}{a/d} \sqrt{1 + \frac{P}{6A_{\text{g}}\sqrt{f_{\text{c}}'}}} \right) A_{\text{g}} + k\frac{A_{\text{st}} f_{\text{yt}} d}{s} \qquad (5.9)$$

式中，V_{c} 和 V_{s} 分别为混凝土和箍筋对抗剪承载力的贡献；f_{c}' 为混凝土抗压强度；a 为反弯点到最大弯矩的距离；d 为截面有效高度；P 为轴力；A_{g} 为总截面面积；A_{st} 为箍筋面积；f_{yt} 为箍筋屈服强度；s 为箍筋间距；k 是考虑弯曲塑性铰强度退化的修正系数。k 与构件的位移延性 D 相关：$D \leqslant 2.0$ 时，k 取 1；$2.0 < D < 6.0$ 时，k 取 $-0.075D + 1.15$；$D \geqslant 6.0$ 时，k 取 0.7。

通过总位移经验公式判断单元是否发生剪切破坏或轴向破坏，柱发生剪切破坏时的总位移 $\varDelta_{\text{s}}$ 和轴向破坏时的总位移 $\varDelta_{\text{a}}$ 分别由式（5.10）、式（5.11）得到。式（5.9）～式（5.11）均采用英制单位。

$$\frac{\varDelta_{\text{s}}}{L} = \frac{3}{100} + 4\rho'' - \frac{1}{500}\frac{v}{\sqrt{f_{\text{c}}'}} - \frac{1}{40}\frac{P}{A_{\text{g}} \cdot f_{\text{c}}'} \geqslant \frac{1}{100} \qquad (5.10)$$

$$\frac{\varDelta_{\text{a}}}{L} = \frac{4}{100}\frac{1 + (\tan\theta)^{2}}{\tan\theta + P\left(\dfrac{s}{A_{\text{st}} f_{\text{yt}} d_{\text{c}} \tan\theta} \right)} \qquad (5.11)$$

式中，L 为柱的长度；ρ'' 为柱的配箍率；ν 为截面名义剪应力，按 $\nu = V_u/bh$ 计算，其中 b 和 h 分别为截面的宽和高；θ 为裂缝与水平向的夹角，取为 65°。

在轴向极限曲线中，轴向变形的卸载刚度 $K_{\text{deg（Axial}）} = -0.02EA_g/L$。

5.1.2　模型验证

采用 OpenSees 软件建立第 4 章振动台试验中掉层框架结构模型 D2K1 的有限元模型，并输入振动台试验中的地震动时程进行分析。

通过模态分析得到模型结构周期与试验得到的周期对比数据，如表 5.1 所示。由表 5.1 可知，有限元模拟得到的模型周期与模型试验值相差较小，有限元模型与试验模型动力特性相似。

表 5.1　掉层 RC 框架结构自振周期对比

内容	模型试验周期/s	有限元模拟周期/s	误差/%
横坡向 1 阶周期	0.177	0.169	4.7
顺坡向 1 阶周期	0.148	0.145	2.1

通过对有限元模型的时程分析，得到模型结构在各个工况的加速度反应和位移反应。选取第 1 加载阶段（$a_{\text{PG},x}=0.12g$）（对应 8 度小震）、第 2 加载阶段（$a_{\text{PG},x}=0.33g$）（对应 8 度中震）和第 4 加载阶段（$a_{\text{PG},x}=0.65g$）（对应 8 度弱大震）时天然波 2 的以 x 向为主方向的三向加载工况 24、工况 33 和工况 39 中结构顶层加速度时程曲线及位移时程曲线进行对比分析。

掉层框架结构模型 D2K1 在工况 24、工况 33 和工况 39 中，顶层掉层侧与上接地侧沿 x 向（顺坡向）和 y 向（横坡向）的加速度时程曲线与试验值在形状和峰值方面均相近，如图 5.4～图 5.6 所示。

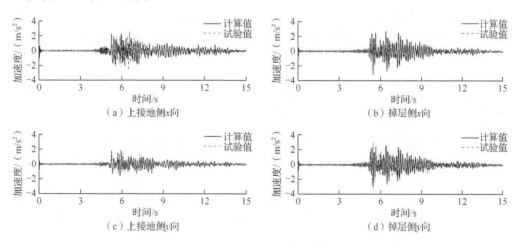

（a）上接地侧 x 向　　　　　　　　　（b）掉层侧 x 向

（c）上接地侧 y 向　　　　　　　　　（d）掉层侧 y 向

图 5.4　模型 D2K1 工况 24 顶层加速度时程对比

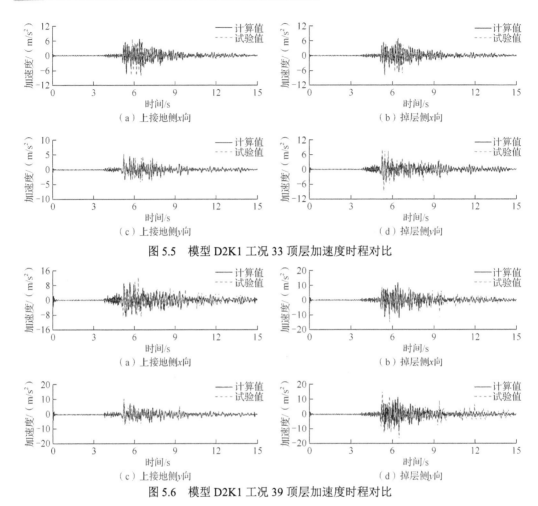

图 5.5　模型 D2K1 工况 33 顶层加速度时程对比

图 5.6　模型 D2K1 工况 39 顶层加速度时程对比

掉层框架结构模型 D2K1 在工况 24、工况 33 和工况 39 中，顶层掉层侧与上接地侧沿 x 向（顺坡向）和 y 向（横坡向）的位移时程曲线与试验值对比结果分别如图 5.7～图 5.9 所示。

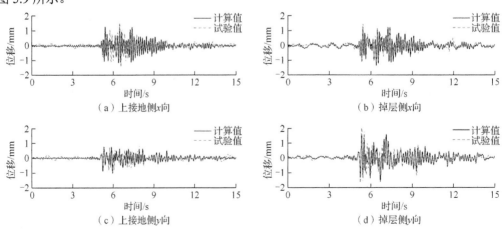

图 5.7　模型 D2K1 工况 24 顶层位移时程对比

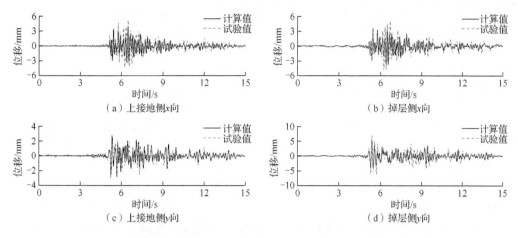

图 5.8　模型 D2K1 工况 33 顶层位移时程对比

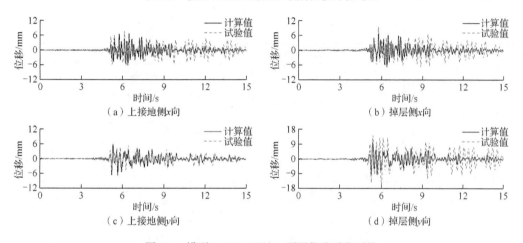

图 5.9　模型 D2K1 工况 39 顶层位移时程对比

由图 5.7～图 5.9 可知，在工况 24、工况 33 中，模型 x 向和 y 向顶层位移时程曲线的计算值与试验值在形状和峰值方面均相近；在工况 39 中，模型顶层位移时程曲线计算值的峰值与试验值接近。

整体来说，有限元模型的动力反应规律与试验模型相似，可反映结构在地震作用下的响应情况。

5.2　影 响 规 律

取 2.2.3 节提出的名义刚度比为影响参量，研究其对掉层结构动力响应的影响规律。在三维掉层 RC 框架结构的横坡向，同样可以采用名义掉层刚度比 γ_{below}、名义层内刚度比 γ_{intra} 和名义层刚度比 γ_{above} 表征刚度分布，计算公式与顺坡向相同。

5.2.1 掉层刚度的影响

掉层部分的存在削弱了上接地层非接地柱底部的约束程度，减小了该部分构件的实际刚度。地震作用时，掉层部分须承担的剪力比例不大，此时掉层部分不需太大的侧向刚度就能满足小震时结构的变形要求。按照常规结构的抗震设计规范进行掉层结构设计时，掉层结构的最大层间变形多发生在上部结构，掉层柱的截面尺寸主要受轴压比限制。以名义掉层刚度比 γ_{below} 为变量，研究掉层部分的侧向刚度对结构地震响应的影响。

本节设计了 7 个对比模型，依据《建筑抗震设计规范（2016 年版）》(GB 50011—2010)进行配筋设计。小震时，结构的最大层间位移角在 x 向为 1/655～1/649，在 y 向为 1/582～1/551；周期 T_1 为 0.57～0.60s，周期 T_2 均为 0.52s，周期 T_3 均为 0.45s。结构顺坡向、横坡向的各刚度比信息及沿 x 轴偏心情况见表 5.2，可知仅改变掉层部分刚度将在小范围内影响结构的偏心率。

表 5.2 结构顺坡向、横坡向的各刚度比信息及沿 x 轴偏心情况

模型	名义层刚度比 γ_{above}		名义层内刚度比 γ_{intra}		名义掉层刚度比 γ_{below}		沿 x 轴偏心率 e/r
	顺	横	顺	横	顺	横	
D3-1	1.93	1.94	0.22	0.26	0.75	0.86	0.59
D3-2	1.93	1.94	0.22	0.26	0.79	0.94	0.58
D3-3	1.93	1.94	0.22	0.26	0.82	1.00	0.57
D3-4	1.93	1.94	0.22	0.26	0.84	1.04	0.57
D3-5	1.91	1.90	0.23	0.26	0.92	1.08	0.56
D3-6	1.92	1.90	0.24	0.26	0.98	1.12	0.54
D3-7	1.93	1.92	0.26	0.29	1.14	1.30	0.51

输入人工波，分析其沿顺坡向、横坡向的层间位移角、塑性铰分布情况，从变形和塑性铰两个方面研究不同名义掉层刚度比的影响。

不同峰值加速度 a_{PGx} 输入时，顺坡向层间位移角 θ_i 沿楼层的分布情况如图 5.10 所示。由图 5.10 可知，随 a_{PGx} 的增大，层间位移角沿楼层的分布不同，但最大层间位移角均出现在上部结构。

$a_{PGx}=0.2g$ 时，4～7 层层间位移角曲线形状相似；上接地层（4 层）及相邻上两层的层间位移角值比较接近，且随名义掉层刚度比 γ_{below} 的减小，最大层间位移角呈增加趋势；a_{PGx} 增大至 0.51g 时，随 γ_{below} 减小，4 层层间位移角增大，同时 6 层层间位移角减小，最大值由 5 层转移至 4 层；$a_{PGx}=0.62g$ 时，最大层间位移角在 4 层的集中程度随 γ_{below} 的减小越加显著。

$a_{PGx}=0.2g$ 时，在掉层部分，层间位移角的差异相对较大，随名义掉层刚度比 γ_{below} 的减小，层间位移角逐渐增加，且其最大值位置自 3 层逐渐下移至 1 层；随 a_{PGx} 的增大，掉层部分层间位移角均逐渐增大，但模型 D3-1 中，1 层较 2～3 层层间位移角增加的幅度逐渐增大；$a_{PGx}=0.62g$ 时，1 层层间位移角已达 0.006rad，根据《建筑抗震设计规范（2016 年版）》(GB 50011—2010) 附录 M 的表 9，此时 1 层的破坏程度介于轻微损坏与中等破坏之间。

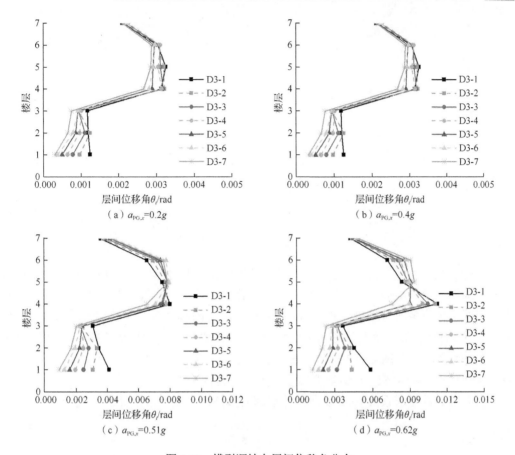

图 5.10　模型顺坡向层间位移角分布

掉层部分刚度的变化对横坡向掉层侧的层间位移角分布有较大影响。横坡向掉层侧的层间位移角 θ_i 沿楼层的分布情况如图 5.11 所示。

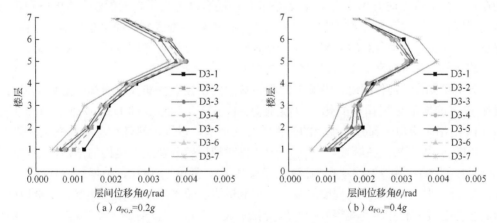

图 5.11　模型横坡向掉层侧层间位移角分布

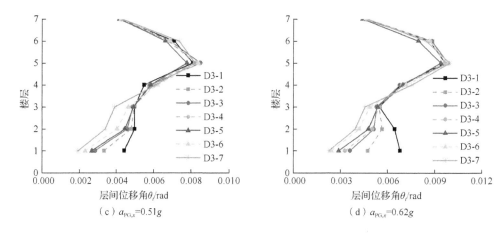

（c）$a_{PG,x}=0.51g$ （d）$a_{PG,x}=0.62g$

图 5.11（续）

在横坡向掉层侧，$a_{PG,x}=0.2g$ 时，模型的层间位移角曲线形状相似，在掉层楼层自下而上呈均匀增加趋势，层间位移角的最大值出现在 5 层；随名义掉层刚度比 γ_{below} 的减小，层间位移角呈增大趋势。随 $a_{PG,x}$ 的增大，γ_{below} 的减小对上部结构的层间位移角影响不大，但对掉层部分层间位移角的影响逐渐明显，最大层间位移角下移，甚至出现 1～2 层的层间位移角显著大于 3 层的情况；$a_{PG,x}=0.62g$ 时，模型 D3-1、D3-2 中 1～2 层层间位移角相对 $a_{PG,x}=0.51g$ 时的增大幅度显著大于其他模型。

以曲率延性需求系数 μ_ϕ 来表征构件端部的塑性铰发展程度，计算公式为

$$\mu_\phi = \frac{\phi}{\phi_y} \tag{5.12}$$

式中，ϕ、ϕ_y 分别为构件端部的最大曲率和屈服曲率。

在不同地震作用下，结构的塑性铰发展具有一定程度的相似性，本书以天然波 2 为例，展示结构塑性铰的分布及发展过程。由不同地震强度输入的结果可知，掉层框架结构在 0.4g 地震强度时开始出现塑性铰。图 5.12～图 5.14 给出了在天然波 2 的 0.4g 和 0.62g 地震强度作用下掉层框架结构的塑性铰分布，图中数字为截面的曲率延性需求系数，因保留一位小数，故有 1.0 的数字出现，此时构件端部已进入弹塑性状态。对框架柱，分别计算局部坐标 y 轴和 z 轴的曲率延性需求系数。

分析可知，地震作用时，沿顺坡向和横坡向的塑性铰分布及发展程度随名义掉层刚度比 γ_{below} 的增加呈规律性变化。以模型 D3-1、D3-3、D3-5 和 D3-7 为例，图 5.12～图 5.14 给出了模型中部分轴线上的塑性铰分布情况，以展示塑性铰分布的变化规律。

由图 5.12 可知，在顺坡向，γ_{below} 的变化对掉层部分及上部结构的塑性铰分布均有影响。模型 D3-1 中，1 层梁柱端部均出现塑性铰，随 γ_{below} 增加，掉层部分柱端无塑性铰，其梁端塑性铰的数量及程度均减小。对上接地层即 4 层，随 γ_{below} 增加，上接地柱仍为破坏程度最大的柱，且其塑性铰程度变化不大，非接地柱端部开始出现塑性铰，顺坡向梁端塑性铰程度呈减弱趋势。随 γ_{below} 增加，5 层掉层侧梁端塑性铰程度呈增大趋势，6 层的柱端塑性铰程度增大，7 层柱端塑性铰数量增多。

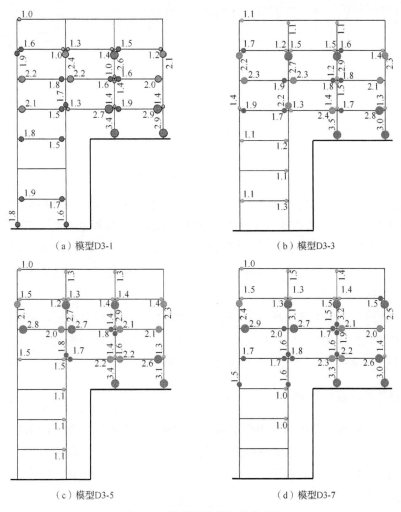

（a）模型D3-1　　　　　　　（b）模型D3-3

（c）模型D3-5　　　　　　　（d）模型D3-7

图 5.12　模型Ⓑ轴的塑性铰分布

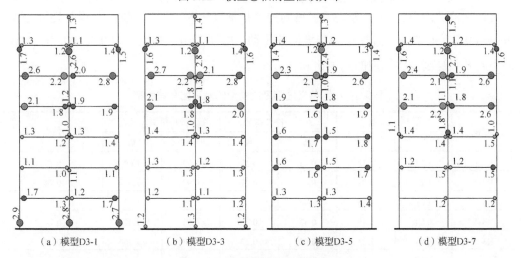

（a）模型D3-1　　　（b）模型D3-3　　　（c）模型D3-5　　　（d）模型D3-7

图 5.13　模型①轴的塑性铰分布

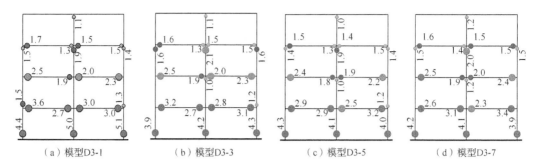

|（a）模型D3-1|（b）模型D3-3|（c）模型D3-5|（d）模型D3-7|

图 5.14　模型③轴的塑性铰分布

①轴框架为结构掉层侧的最外侧框架，是结构的掉层框架中损伤相对严重的框架。从图 5.13 可知，随 γ_{below} 的增加，掉层楼层塑性铰数量及程度减小，4 层柱底塑性铰数量及程度增大。③轴框架是结构的上接地框架中损伤相对严重的框架，从图 5.14 可知，γ_{below} 的增加使得框架的上接地柱及与其相连的梁端塑性铰程度减弱，上部楼层的构件端部塑性铰程度较为接近。

总之，随掉层部分刚度的增加，结构掉层部分的损伤将显著减弱，上接地层的非接地柱损伤程度增加，上接地柱的损伤程度有所减弱，主要表现为横坡向损伤的减弱，上接地层梁端损伤减弱，上接地层以上楼层构件的损伤有所增加，结构损伤向上转移。

5.2.2　上接地层刚度的影响

层刚度比的限制是避免结构因个别楼层层间变形较大而破坏集中的方法之一。在山地掉层框架结构中，上接地层的总刚度由掉层侧刚度和上接地侧刚度组成。在保证上接地层层内刚度分配不变的前提下，改变上接地层层刚度比，以研究上接地层刚度分布对结构地震响应的影响。

建立 K3 系列模型，最大层间位移角在 x 向为 1/575～1/564，在 y 向为 1/570～1/556，均接近规范的下限。1 阶振型均为横坡向的平扭耦联运动，周期 T_1 随 γ_{above} 增加逐渐增大，范围为 0.63～0.77s。2 阶振型为顺坡向的平动，周期 T_2 值较接近，为 0.53～0.56s。结构的不同名义层刚度比模型的刚度比和偏心率见表 5.3。

表 5.3　不同名义层刚度比模型的刚度比和偏心率

模型	名义层刚度比 γ_{above}		名义层内刚度比 γ_{intra}		名义掉层刚度比 γ_{below}		沿 x 轴偏心率 e/r
	顺	横	顺	横	顺	横	
K3-1	1.53	2.38	0.43	0.28	0.93	1.00	0.73
K3-2	1.22	2.03	0.44	0.27	0.93	1.00	0.74
K3-3	1.01	1.75	0.44	0.26	0.93	1.00	0.74
K3-4	0.87	1.43	0.43	0.27	0.93	1.00	0.74
K3-5	0.75	1.23	0.43	0.27	0.93	1.00	0.74
K3-6	0.66	1.05	0.42	0.27	0.93	1.00	0.73

不同 $a_{\mathrm{PG}x}$ 输入时，结构顺坡向层间位移角 θ_i 的分布如图 5.15 所示。由图 5.15 可知，随地震峰值加速度 $a_{\mathrm{PG}x}$ 增加，结构顺坡向的层间位移角逐渐增大，但层间位移角曲线形状变化不大，上接地层的层间位移角始终大于其他层，结构变形集中，其中模型 K3-1 的曲线形状与其他模型不同，在 4～5 层的外凸程度显著大于其他模型，表明该模型的损伤在上接地层的集中程度弱于其他模型。相同 $a_{\mathrm{PG}x}$ 时，各模型掉层部分的层间位移角基本接近。

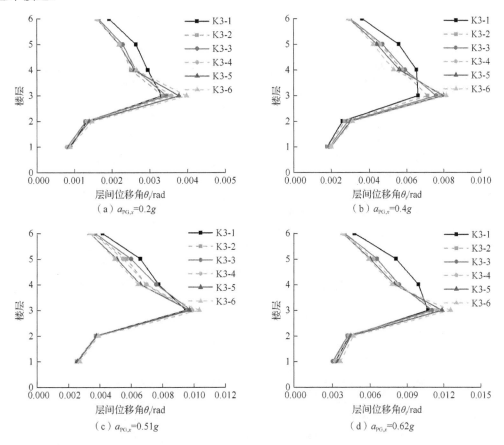

图 5.15　模型顺坡向层间位移角的分布

不同 $a_{\mathrm{PG}x}$ 输入时，结构横坡向上接地侧和掉层侧的层间位移角 θ_i 的分布如图 5.16 和图 5.17 所示。由图 5.16 和图 5.17 可知，在横坡向的上接地侧，各结构层间位移角曲线形状相似，随地震峰值加速度 $a_{\mathrm{PG}x}$ 增加，最大值始终在 4 层且相差不大。在横坡向的掉层侧，$a_{\mathrm{PG}x}$=0.2g 时，最大层间位移角曲线相似，除 K3-1 最大层间位移角在 4 层外，其他模型的最大层间位移角均出现在 3 层；$a_{\mathrm{PG}x}$ 增大后，随名义层刚度比 γ_{above} 的减小，掉层部分层间位移角有增大趋势；$a_{\mathrm{PG}x}$=0.62g 时，模型 K3-5、K3-6 中 2～3 层的层间位移角明显大于 4 层。

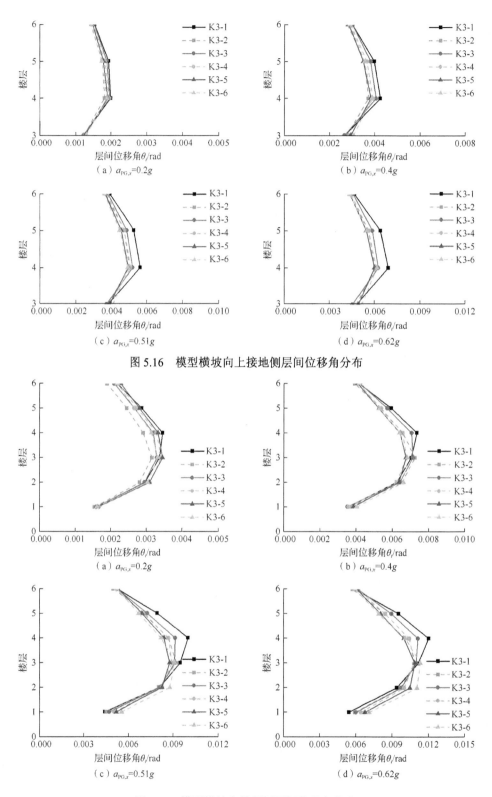

（a）$a_{PG,x}=0.2g$

（b）$a_{PG,x}=0.4g$

（c）$a_{PG,x}=0.51g$

（d）$a_{PG,x}=0.62g$

图 5.16   模型横坡向上接地侧层间位移角分布

（a）$a_{PG,x}=0.2g$

（b）$a_{PG,x}=0.4g$

（c）$a_{PG,x}=0.51g$

（d）$a_{PG,x}=0.62g$

图 5.17   模型横坡向掉层侧层间位移角分布

结构扭转反应的相关信息见表 5.4，其中各结构的最大层间扭转角 $\alpha_{\max}$ 仍在上接地层。由表 5.4 可知，模型的偏心率 e/r、位移比接近。相同地震峰值加速度 $a_{\mathrm{PG}x}$，耦联周期比 T_θ/T_1 逐渐减小时，最大层间扭转角 $\alpha_{\max}$ 的值逐渐增大。这是由于位移比与结构的扭转反应无正对应关系，上接地层的位移比 μ 与扭转角 α 关系[65]为

$$\mu=\frac{\Delta_{\max}}{\Delta_{\mathrm{a}}}=\frac{\Delta_{\mathrm{a}}+\Delta_{\mathrm{tman}}}{\Delta_{\mathrm{a}}}=1+\frac{\Delta_{\mathrm{tman}}}{\Delta_{\mathrm{a}}}=1+\frac{\alpha x_{\mathrm{m}}}{\Delta_{\mathrm{a}}} \qquad (5.13)$$

式中，$\Delta_{\max}$ 为端部竖向构件的最大位移；Δ_{a} 为楼层平均位移；Δ_{tman} 为扭转引起的端部附加位移，$\Delta_{\mathrm{tman}}=\alpha x_{\mathrm{m}}$，$x_{\mathrm{m}}$ 为楼层质心到端部竖向构件的距离。可知，楼层的 x_{m} 确定后，位移比和楼层的扭转角 α 与平均位移 Δ_{a} 之比相关。自模型 K3-1 到模型 K3-6，上接地层平均位移 Δ_{a} 增大，此时虽然该层扭转角 $\alpha_{\max}$ 逐渐增大，位移比却变化不大。同时，也验证了此时已不宜采用耦联周期比来判定结构的扭转不规则。

结构的扭转规律表明了上接地层抗扭刚度对掉层框架结构扭转效应影响的重要性，此时该层的抗扭刚度受抗侧刚度影响显著。

表 5.4　模型扭转信息汇总

模型	偏心率 e/r	周期比 T_θ/T_1	位移比	3 层抗扭刚度 K_T / （$10^{10}\mathrm{N}\cdot\mathrm{m}^4$）	最大层间扭转角 $\alpha_{\max}$ / （$10^{-3}\mathrm{rad}$）			
					0.2g	0.4g	0.51g	0.62g
K3-1	0.73	0.66	1.78	14.2	0.81	1.67	2.19	2.47
K3-2	0.74	0.64	1.78	12.4	0.86	1.92	2.40	2.78
K3-3	0.74	0.62	1.77	10.9	0.94	2.04	2.58	3.11
K3-4	0.74	0.60	1.77	10.0	1.07	2.15	2.85	3.38
K3-5	0.74	0.59	1.76	9.0	1.18	2.36	3.08	3.75
K3-6	0.73	0.57	1.75	7.8	1.26	2.64	3.48	4.23

不同地震波作用下，结构塑性铰分布随名义层刚度比 γ_{above} 的变化规律具有一致性，天然波 2 的 $a_{\mathrm{PG}x}=0.62g$ 时，模型Ⓐ轴在顺坡向的塑性铰分布如图 5.18 所示。

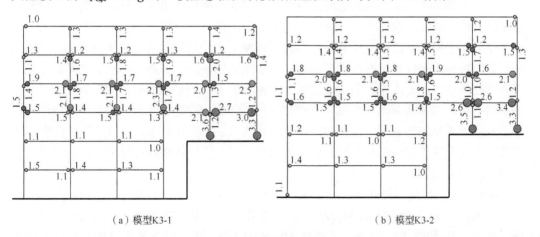

（a）模型K3-1　　　　　　　　　　　　　　（b）模型K3-2

图 5.18　模型Ⓐ轴的塑性铰分布

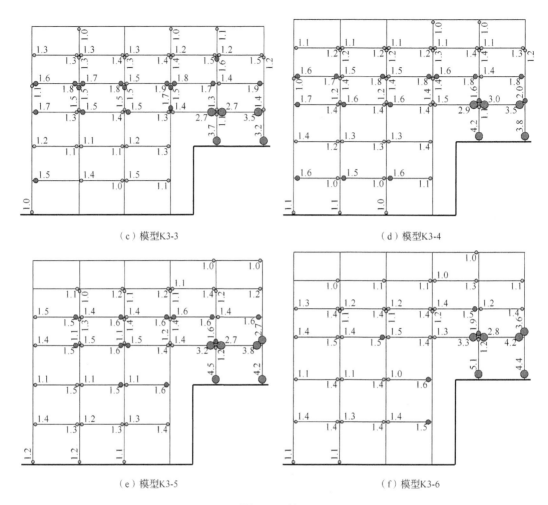

（c）模型K3-3　　　　　　　　　　（d）模型K3-4

（e）模型K3-5　　　　　　　　　　（f）模型K3-6

图 5.18（续）

由图 5.18 可知，$a_{\mathrm{PG}x}$=0.62g 时，各模型掉层部分构件已出现塑性铰，但掉层部分沿顺坡向的构件破坏程度并不大，结构在顺坡向的破坏仍主要集中于上部结构。随名义层刚度比 γ_{above} 的减小，结构上接地柱及与之相连梁端的塑性铰程度均呈增加趋势，上接地层相邻上层掉层侧柱端的损伤程度减小，上接地侧柱端的损伤加重，结构柱端破坏最为严重部位将由"上接地层的上接地柱和上接地相邻上层的非接地侧柱端"转变为"上接地层的上接地柱和相邻上层柱端"，这加剧了结构破坏的集中程度。其中，上接地柱相邻上层柱端破坏的出现与结构扭转效应的增大有关。模型Ⓑ轴在顺坡向的塑性铰也表现出明显的向上接地层柱和相邻构件集中的趋势，但上接地柱破坏程度相近，且上接地柱上部的柱并未出铰。

在横坡向，掉层侧最外的①轴框架和上接地侧最内的⑤轴框架是损伤相对严重的框架。图 5.19 和图 5.20 为 $a_{\mathrm{PG}x}$=0.62g 天然波 2 作用时部分结构①轴和⑤轴的塑性铰分布图。由图 5.19 和图 5.20 可知，对掉层侧最外的①轴框架，底层框架柱的损伤程度均大于上接地层相邻上层的柱，与前述试验及模型分析结果是不同的，这是由于本组模型的偏心率较大，扭转效应加剧了掉层侧底部构件的破坏，从而改变了该榀框架的破坏形态；随名义层刚度比 γ_{above} 的减小，①轴框架底部的柱端损伤程度呈现先增大后减小趋势，同时⑤轴框架的底部柱端损伤呈先减小后增大趋势。结构横坡向接地柱端的破坏状态变化为上接地侧最内柱端破坏程度明显大于掉层侧最外柱端→上接地侧最内柱端破坏程度与掉层侧最外柱端接近→上接地侧最内柱端破坏程度明显大于掉层侧最外柱端，这是结构抗扭刚度的减小和抗侧刚度的减小共同作用的结果。掉层部分及与上接地柱相连的横坡向梁端部的破坏程度则随 γ_{above} 的减小呈增加趋势。

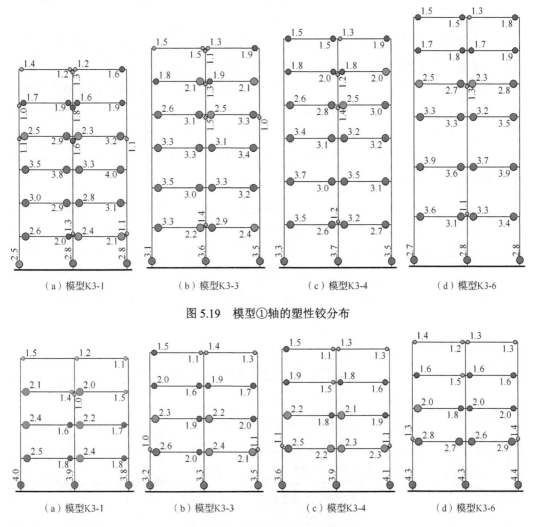

（a）模型K3-1　　　（b）模型K3-3　　　（c）模型K3-4　　　（d）模型K3-6

图 5.19　模型①轴的塑性铰分布

（a）模型K3-1　　　（b）模型K3-3　　　（c）模型K3-4　　　（d）模型K3-6

图 5.20　模型⑤轴的塑性铰分布

综合两个方向的塑性铰分析可知，名义层刚度比 γ_{above} 的减小将造成掉层部分横坡向梁损伤的增加，顺坡向框架的塑性铰表现出明显的向上接地层柱和相邻构件集中的趋势，横坡向框架的塑性铰程度则在掉层侧最外接地柱和上接地侧最内接地柱端部表现出此消彼长的情况。

5.2.3　上接地层层内刚度的影响

在掉层框架结构的刚度分析中发现：在横坡向，名义层内刚度比 γ_{intra} 的取值很大程度上受限于上、下接地部分所占的平面比例，且难以保证与名义层刚度比 γ_{above} 的值接近。随 γ_{intra} 的增加，γ_{above} 呈减小趋势。研究发现：横坡向名义层刚度比 γ_{above} 变化时，名义层内刚度比 γ_{intra} 的调整将主要影响掉层侧掉层部分的横坡向变形，对结构横坡向最大层间位移角影响不大；横坡向名义层刚度比 γ_{above} 不小于 1.0 时，对上接地侧的横坡向层间位移角分布影响不大。

改变结构掉层部分的跨数和构件尺寸，得到名义层内刚度比 γ_{intra} 变化范围相对较大的一组模型。基本布置信息为沿 x 向 5 跨，沿 y 向 2 跨，总层数为 6 层，掉 2 层，跨度均为 6m，层高均为 3m；梁柱截面尺寸见表 5.5，板厚 120mm，混凝土强度等级除特殊说明外均为 C30，依据《建筑抗震设计规范（2016 年版）》（GB 50011—2010）进行配筋设计。结构小震时的最大层间位移角在 x 向为 1/626～1/590，在 y 向为 1/556～1/550；周期 T_1 为 0.55～0.63s，周期 T_2 为 0.49～0.54s，周期 T_3 为 0.42～0.46s。不同名义层内刚度比和偏心率见表 5.6。

表 5.5　不同名义层内刚度比模型的构件布置信息　（单位：mm）

模型	掉跨数	柱截面	梁截面
M1	1	1～3 层的①②轴柱：650×700 其他柱：600×600	1～2 层：300×600 3～6 层：x 向 250×600 y 向 300×600
M2	2	①轴柱：550×750 其他柱：600×600	x 向：250×600 y 向：300×600
M3	3	600×800 （3 层Ⓐ Ⓒ轴上接地柱混凝土：C35）	x 向：250×600 y 向：300×600
M4	3	1～2 层：750×900 3 层非接地柱：750×900 （3 层Ⓐ Ⓒ轴上接地柱混凝土：C35） 其他柱：550×800	1～3 层：300×600 4～6 层：x 向 250×600 y 向 300×600
M5	3	1～2 层：900×800 3 层非接地柱：900×800 （3 层Ⓐ Ⓒ轴上接地柱混凝土：C35） 其他柱：500×800	x 向：1～3 层 350×600　4～6 层 250×600 y 向：350×600
M6	4	1～3 层的①～⑤轴柱：850×900 其他柱：700×700 （3 层⑥轴上接地柱混凝土：C40）	1～3 层：400×600 4～6 层：300×600

表 5.6　不同名义层内刚度比和偏心率

模型	名义层刚度比 γ_{above}		名义层内刚度比 γ_{intra}		名义掉层刚度比 γ_{below}		沿 x 轴偏心率 e/r
	顺	横	顺	横	顺	横	
M1	1.58	2.35	0.19	0.15	0.90	1.00	0.46
M2	1.61	2.10	0.28	0.24	0.90	1.00	0.62
M3	1.63	2.22	0.40	0.30	0.93	1.00	0.73
M4	1.58	2.16	0.50	0.32	0.93	1.00	0.71
M5	1.58	1.92	0.59	0.36	0.92	1.00	0.68
M6	1.60	1.63	0.75	0.62	0.94	1.00	0.54

　　图 5.21 为不同峰值加速度 $a_{PG,x}$ 输入时结构顺坡向层间位移角 θ_i 沿楼层的分布情况。由图 5.21 可知，随 $a_{PG,x}$ 增加，结构顺坡向的层间位移角逐渐增大，且不同地震强度下，顺坡向的层间位移角曲线相似，均表现为结构 M1、M2 的最大层间位移角总是出现于 4 层，而 M3~M5 中的最大层间位移角在 3 层和 4 层均有出现，结构 M6 最大层间位移角则总是在 3 层。在同一 $a_{PG,x}$ 时，不同名义层内刚度比 γ_{intra} 的结构在掉层部分的层间位移角接近，且均小于上部结构；在上接地层即 3 层，随名义层内刚度比 γ_{intra} 的增加，结构层间位移角基本呈增大趋势，4~5 层则与之相反。

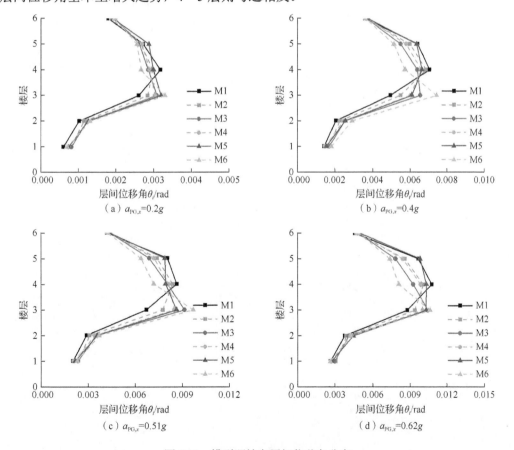

图 5.21　模型顺坡向层间位移角分布

　　不同峰值加速度 $a_{PG,x}$ 输入时，结构横坡向上接地侧和掉层侧的层间位移角 θ_i 如图 5.22 和图 5.23 所示。可知，在横坡向，模型 M1 上接地侧和掉层侧的最大层间位移角接近。其他结构中，上接地侧的最大层间位移角总是小于掉层侧，这与结构偏心率 e/r 的增加是有关系的。在上接地侧，同一 $a_{PG,x}$ 输入时，γ_{intra} 越小，结构的层间位移角曲线越靠外，最大层间位移角越大；名义层内刚度比 γ_{intra} 最大的结构 M6 中，3 层层间位移角始终明显大于其他结构。在掉层侧，随 γ_{intra} 增加，结构掉层部分的层间位移角呈增大趋势。$\gamma_{intra} \geq 0.4$ 时，掉层部分的层间位移角变化不大。最大层间位移角均始终在 4 层，且其值有较大差异。

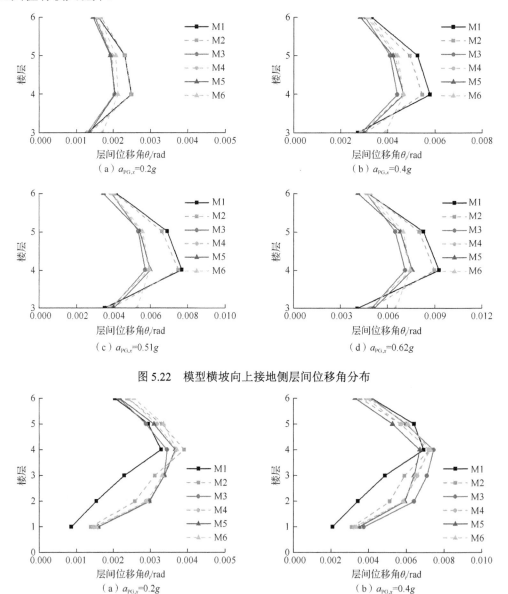

图 5.22　模型横坡向上接地侧层间位移角分布

图 5.23　模型横坡向掉层侧层间位移角分布

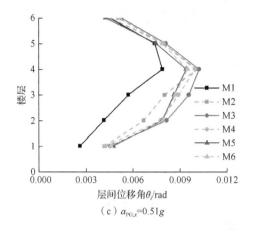

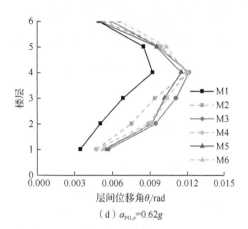

$$（c）a_{PG,x}=0.51g \qquad\qquad （d）a_{PG,x}=0.62g$$

图 5.23（续）

不同名义层内刚度比 γ_{intra} 掉层框架结构的最大层间扭转角 α_{max} 仍在上接地层，表 5.7 给出了不同强度地震作用时掉层框架结构的 α_{max}。由表 5.7 可知，在保证结构具有足够扭转刚度时，其扭转效应随偏心率的增加呈增大趋势。应注意到，扭转效应最为显著的模型对应的名义层内刚度比 γ_{intra} 并非最大或最小值。

表 5.7　模型扭转信息汇总

模型	偏心率 e/r	周期比 T_θ/T_1	位移比	3 层抗扭刚度 K_T / $(10^{10}N \cdot m^4)$	最大层间扭转角 α_{max} / $(10^{-3}rad)$			
					$0.2g$	$0.4g$	$0.51g$	$0.62g$
M1	0.46	0.84	1.59	9.6	0.42	0.91	1.04	1.19
M2	0.62	0.75	1.68	10.0	0.74	1.39	1.84	2.07
M3	0.73	0.67	1.78	13.2	0.81	1.70	2.20	2.45
M4	0.71	0.70	1.77	12.8	0.77	1.47	1.99	2.25
M5	0.68	0.72	1.76	12.7	0.79	1.49	2.04	2.34
M6	0.54	0.72	1.68	12.8	0.68	1.35	1.75	1.99

不同地震波作用时，结构的塑性铰分布规律具有相似性。$a_{PG,x}=0.62g$ 天然波 2 作用时，结构顺坡向的塑性铰分布如图 5.24 所示。由图 5.24 可知，名义掉层刚度比 $\gamma_{below} \geqslant 0.90$ 时，不同名义层内刚度比 γ_{intra} 掉层框架的掉层部分沿顺坡向均表现为部分梁端出铰，柱端无塑性铰，掉层部分的破坏程度得以控制；名义层内刚度比 γ_{intra} 的变化几乎不改变结构上接地层及相邻上层的塑性铰分布规律。

对不同几何布置的结构 M1、M2、M3 和 M6，γ_{intra} 越大，上接地柱的破坏程度越严重。γ_{intra} 较小时，结构的薄弱层在上接地层以上，4～5 层柱端塑性铰的数量及程度均相对较大，结构构件的破坏相对均匀；γ_{intra} 较大时，结构的薄弱层在上接地层，上接地柱破坏程度远大于其他构件，结构构件的破坏相对集中。但应注意到，当名义层内刚度比 γ_{intra} 较大，如模型 M6 时，主体部分位于下接地端，上接地柱的破坏对结构系统安全的重要性程度相对弱些，此时结构破坏的控制策略也有所不同。

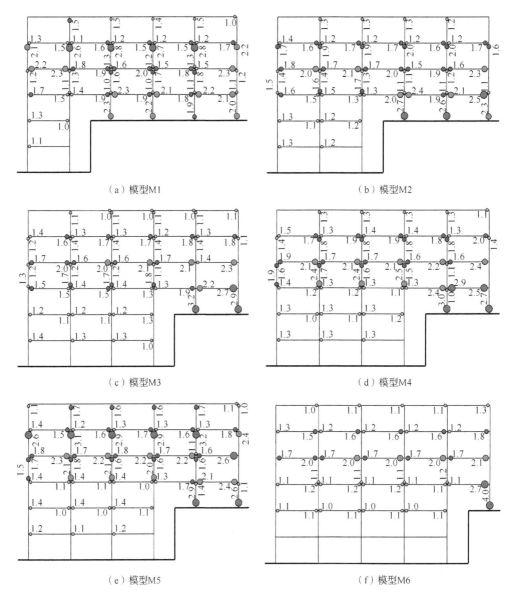

图 5.24　模型⑧轴的塑性铰分布

对相同几何布置，通过调整掉层部分及上接地层构件截面得到不同名义层内刚度比的结构 M3、M4 和 M5。其中 M4、M5 中对应上接地层非接地构件的相邻上层构件截面尺寸均有所减小，采用 D 值法计算构件侧向刚度，得到上接地层非接地构件与相邻上层对应构件的总侧向刚度之比，将其定义为对应非接地刚度比 γ_{un}。3 个结构的 γ_{un} 分别为 0.94、1.14 和 1.33。比较这 3 个结构的塑性铰情况可知，γ_{above} 一定，增加结构掉层部分和上接地层掉层侧的刚度使 γ_{intra} 增加，同时 γ_{un} 逐渐增大时，上接地柱的塑性铰程度减弱，上接地层相邻上层非接地柱底的破坏程度增加，上部楼层的破坏程度增加，这与同 a_{PGx} 时结构 3 层的顺坡向层间位移角减小，而 4～5 层增加的变化规律是一致的。γ_{un} 越大，塑性铰和层间变形的这种变化趋势越显著。因此，增强掉层楼层和上接地层非接地构件的刚度使 γ_{intra} 越大时，结构上接地柱的破坏减轻，沿顺坡向的破坏将向上部楼层转移，与不同几何布置结构的规律相反。这也表明，并非名义层内刚度比 γ_{intra} 越大，掉层结构在上接地柱端部的破坏程度越集中，和上接地层掉层侧构件与相邻上层对应构件的相对刚度有关。

对相同几何布置的掉层框架结构，a_{PGx}=0.62g 天然波 2 作用时，横坡向掉层侧和上接地侧的塑性铰分布如图 5.25 和图 5.26 所示。可知，名义掉层刚度比 γ_{below} ≥0.90 时，不同名义层内刚度比 γ_{intra} 的掉层框架结构在横坡向的塑性铰分布差异较大。对掉层侧的①轴框架，塑性铰程度为模型 M1<模型 M2<模型 M6<模型 M3，这与模型的扭转反应规律是基本一致的。此时掉层侧框架的破坏程度受扭转效应影响显著，扭转效应越大，在横坡向结构掉层侧框架的破坏越严重。

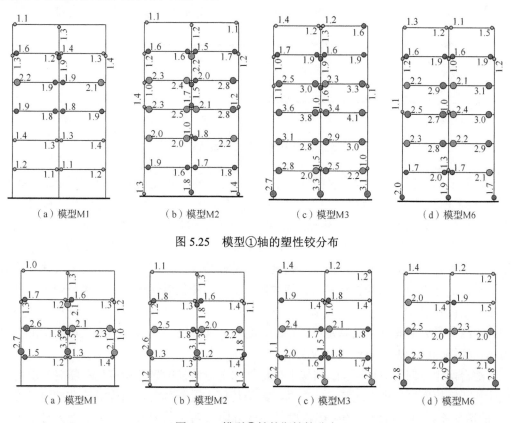

图 5.25　模型①轴的塑性铰分布

（a）模型M1　　（b）模型M2　　（c）模型M3　　（d）模型M6

图 5.26　模型⑥轴的塑性铰分布

在横坡向，不同名义层内刚度比 γ_{intra} 掉层框架中破坏最为严重的上接地柱均在最内侧轴线上，其破坏程度随偏心率 e/r 的增加呈增大趋势。自最内侧框架至上接地侧边榀框架，接地柱进入塑性铰的程度逐渐减小，但相邻上层的梁端塑性铰程度逐渐增大，且柱端开始出铰。上接地侧⑥轴的边榀框架塑性铰分布如图 5.26 所示，可知名义层内刚度比 γ_{intra} 较小的模型 M1 表现为上接地层相邻上层的梁柱端部塑性铰程度最大；随 γ_{intra} 增大，边榀框架中接地柱的破坏程度增大，接地层梁柱端部的塑性铰程度增加，同时相邻上层的梁柱端部塑性铰程度减小。

模型 M3、M4 和 M5 中，横坡向名义层内刚度比 γ_{intra} 略有增加，而偏心率 e/r 稍有降低。综合图 5.25～图 5.27 可知，其塑性铰分布变化不大，但模型 M4、M5 在掉层侧和上接地侧接地柱的塑性铰程度均弱于 M3 的相应框架，上接地层以上楼层的柱端塑性铰程度强于模型 M3，模型的损伤向上部楼层转移。

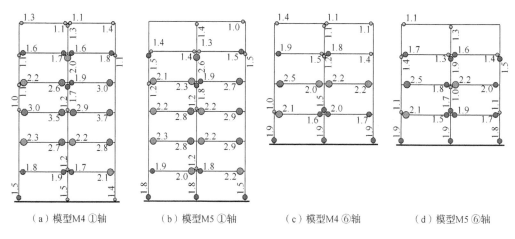

（a）模型 M4 ①轴　（b）模型 M5 ①轴　（c）模型 M4 ⑥轴　（d）模型 M5 ⑥轴

图 5.27　模型部分框架的塑性铰分布

由本节的分析可知，对名义掉层刚度比 $\gamma_{below} \geqslant 0.90$，满足现有规范变形要求的掉层框架结构在顺坡向上接地层层内刚度分布 γ_{intra} 的变化对掉层部分的变形及结构最大层间位移角的值影响不大，但将影响薄弱层的位置。结构几何布置的改变使 γ_{intra} 越大时，结构的薄弱层在上接地层，上接地柱破坏越集中，其破坏程度远大于其他构件，破坏越不均匀；增强掉层部分和上接地层非接地构件的刚度使 γ_{intra} 越大时，结构上接地柱的破坏减轻，破坏将向上部楼层转移。在横坡向，γ_{intra} 的变化对结构的响应影响较大：掉层楼层的层间位移角随 γ_{intra} 增加而增大，$\gamma_{intra} \geqslant 0.4$ 时，掉层部分的层间位移角基本不再增大；结构最大层间位移角总是在掉层侧，且 $\gamma_{intra} > 0.3$ 时，掉层侧的最大层间变形不再随上接地层内的刚度分布变化而改变。

综合两个方向的分析可知，结构上接地柱和下接地柱的破坏程度均不随名义层内刚度比 γ_{intra} 值的增加呈增大趋势。一方面，结构几何布置不变时，结构对应非接地刚度比 γ_{un} 的增加将减小上接地柱的破坏程度；另一方面，名义层内刚度比 γ_{intra} 增大时，为使结构横坡向的变形满足限值，结构掉层侧刚度将增大，引起偏心率的减小，从而减弱其扭转效应，掉层侧的破坏将有所减轻。

γ_{intra} 的变化引起结构偏心率的改变，最内侧上接地梁柱和掉层侧框架的破坏程度受偏心率影响显著，偏心率越大，破坏越严重。因此，设计中应注意结构的偏心率不宜过大。

5.3　内力重分布及塑性铰发展

选择的地震波及模型的各种不确定性致使其出现的破坏具有一定的概率性，以下将仅基于数值模拟，计算振动台试验模型 D2K1 的原型结构在不同地震强度（峰值加速度 $a_{\mathrm{PG}x}$ 分别为 0.07g、0.2g、0.4g、0.51g 和 0.62g）的天然波 2～4 及人工波激励时的响应，并对结构的内力分配及重分布、塑性铰发展进行分析。

5.3.1　内力分配及重分布

对地震动力非线性分析结果，结构内力分配的研究通常选择顶点位移最大时刻、层间位移角最大时刻或基底剪力最大时刻。本节选择基底剪力最大时刻的结构内力分布，对结构基底剪力、层剪力及层内剪力的分配及重分布进行分析。

1. 基底剪力

将结构所有接地柱的剪力时程相加，可得到结构的基底剪力时程。对顺坡向和横坡向，结构在各地震强度时的基底剪力见表 5.8。由表 5.8 可知，在峰值加速度 $a_{\mathrm{PG}x}$=0.07g 时，结构顺坡向基底剪力均大于横坡向；随地震强度增加，两个方向基底剪力均呈增大趋势，且增大趋势逐渐减缓，这是由于结构逐渐进入非线性状态，结构对地震动的放大效应被削弱。

表 5.8　基底剪力　　　　　　　　　　（单位：kN）

地震波	方向	基底剪力				
		0.07g	0.2g	0.4g	0.51g	0.62g
天然波 2	顺坡向	1216	2695	3947	4915	5263
	横坡向	814	1896	3589	4261	4422
天然波 3	顺坡向	1213	2355	3269	4519	5175
	横坡向	727	1717	2705	3112	3608
天然波 4	顺坡向	1404	2630	4313	4987	5350
	横坡向	1157	2607	3780	4359	4639
人工波	顺坡向	1003	2534	3793	3959	4652
	横坡向	948	2122	4349	4501	4418

掉层结构的基底剪力由上接地柱和下接地柱的剪力相加得到，在基底剪力最大时刻，下接地柱分担的基底剪力比例见表 5.9。0.07g 地震作用时，结构下接地柱在顺坡向承担的剪力比例基本小于 0.10，而在横坡向承担的剪力在 0.25 左右，远大于顺坡向。表明上接地柱与下接地柱截面尺寸与数量完全相同的掉层框架结构中，上、下接地柱表现出的实际刚度在顺坡向和横坡向是不同的，下接地侧实际刚度所占的比例在横坡向更大。随地震强度的增加，下接地柱分担的基底剪力在两方向均呈增大趋势，表明在高强

度地震作用下，结构上接地柱刚度的退化程度大于下接地柱，这与试验中上接地柱的破坏程度相对下接地柱更大是相符的。结构下接地柱对基底剪力贡献在顺坡向的增大幅度显著大于横坡向，表明上接地柱在顺坡向的刚度退化和结构损伤向掉层部分的转移程度更大，这与振动台试验中模型的变形结果是一致的。掉层结构的基底剪力在不同接地端表现出明显的重分布情况，且在顺坡向的重分布程度更为显著。

表 5.9　下接地柱分担的基底剪力比例

地震波	顺坡向					横坡向				
	0.07g	0.2g	0.4g	0.51g	0.62g	0.07g	0.2g	0.4g	0.51g	0.62g
天然波2	0.10	0.12	0.15	0.21	0.21	0.22	0.31	0.29	0.29	0.29
天然波3	0.06	0.06	0.07	0.17	0.17	0.27	0.32	0.25	0.32	0.27
天然波4	0.09	0.11	0.13	0.21	0.21	0.28	0.27	0.32	0.33	0.33
人工波	0.05	0.05	0.11	0.15	0.26	0.23	0.27	0.28	0.28	0.28

2. 层剪力

在不同地震强度下的基底剪力最大时刻，可分别得到各层的层剪力，图 5.28 给出了结构在天然波 2 和人工波作用时顺、横坡向剪力沿楼层的分布情况。

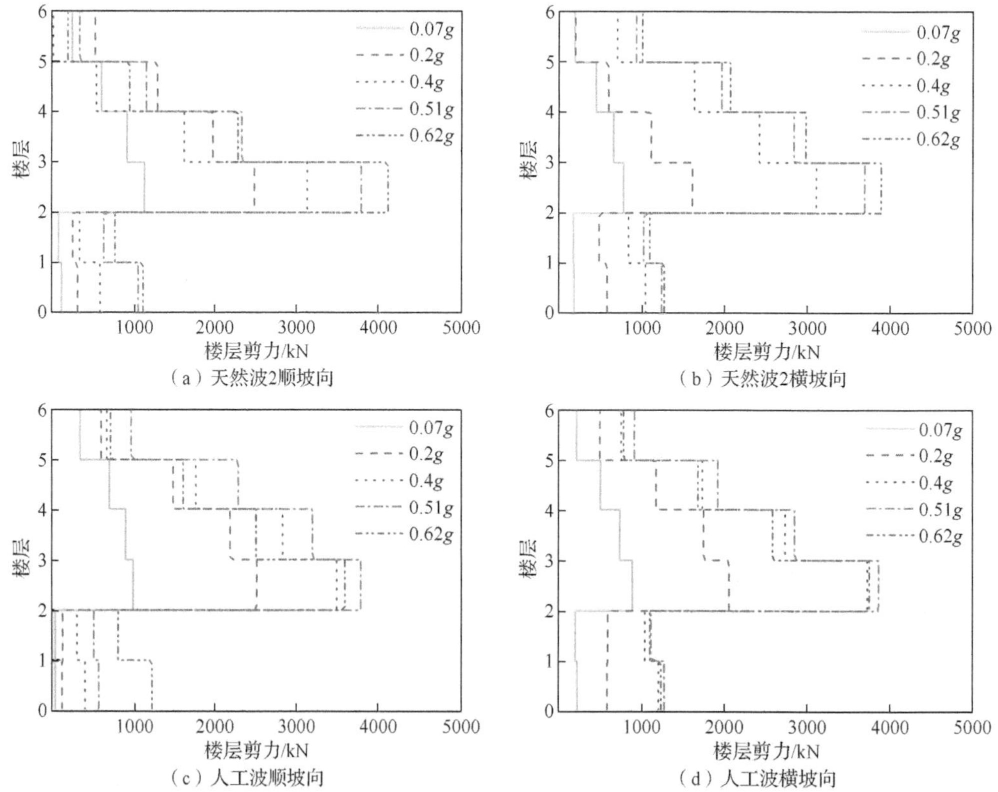

（a）天然波2顺坡向　　　（b）天然波2横坡向　　　（c）人工波顺坡向　　　（d）人工波横坡向

图 5.28　基底剪力最大时刻楼层剪力分布

由图 5.28 可知，沿顺坡向和横坡向，结构层剪力在上接地端相邻下层均发生骤减，这是由于部分剪力通过上接地端传至地基，不再向结构掉层部分传递。随地震强度增加，结构掉层部分的剪力基本呈增大趋势。对上部结构，中震（a_{PGx}=0.2g）时，楼层剪力沿顺、横坡向均对应增大，此时结构处于弹性或轻度的弹塑性状态，其动力特性变化不大；当 $a_{PGx} \geqslant 0.4g$ 时，部分楼层剪力反而相对减小，尤其在 a_{PGx} 为 0.62g 时。一方面，这与结构的刚度退化有关；另一方面，楼层出现最大剪力的时刻与基底剪力最大时刻不相同，此时的剪力并非该楼层在地震作用中承担的最大剪力。

以小震时各楼层的最大剪力 $V_{0.07g}$ 为基准，将不同地震强度的楼层最大剪力 V 进行归一化处理，$V/V_{0.07g}$ 表示楼层剪力的放大系数。图 5.29 给出了结构在天然波 2 和人工波不同地震强度作用时楼层剪力的放大系数，可知对上部结构，随地震强度增加，楼层剪力放大系数的增大程度逐渐减弱。当 a_{PGx}=0.2g 时，掉层部分的楼层剪力放大系数与上部结构基本差异不大，且在[2.0,3.0]内；当 $a_{PGx} \geqslant 0.4g$ 时，掉层部分的楼层剪力放大系数逐渐大于上部结构，最终在顺坡向和横坡向，均表现为掉层部分的楼层剪力放大系数大于上部结构，掉层框架结构的内力表现出明显的层间重分布情况。同时应注意到，高强地震作用时结构的顺坡向剪力放大系数在掉层部分总是大于横坡向，表明此时结构顺坡向的层间内力重分布程度更大。

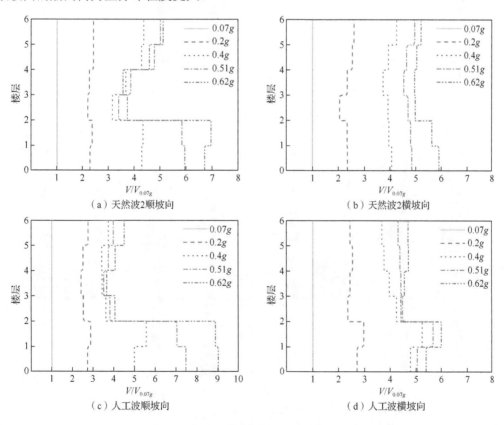

图 5.29　楼层剪力放大系数

3. 层内剪力

沿顺坡向,各轴线上均为基础不等高接地的掉层框架,该方向的地震作用下结构各榀掉层框架的剪力分布相同,且与结构顺坡向的剪力分布一致。沿横坡向,掉层框架结构各轴线上均为基础等高接地的常规框架,但各榀框架的接地高度并不完全一致。横坡向地震作用下,结构的空间协同作用使得各榀框架间的剪力分布不同。不同地震强度的天然波 2 作用时,基底剪力最大时刻各常规框架在顺坡向和横坡向的剪力分布情况如图 5.30 和图 5.31 所示。

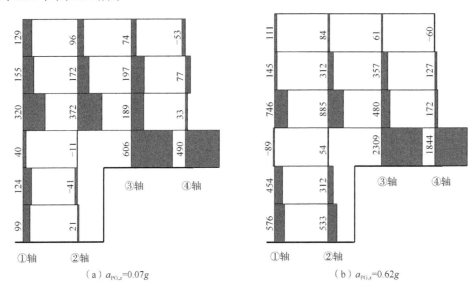

（a）$a_{\mathrm{PG},x}$=0.07g　　　　　　　　（b）$a_{\mathrm{PG},x}$=0.62g

图 5.30　基底剪力最大时刻各常规框架的顺坡向剪力分布（单位：kN）

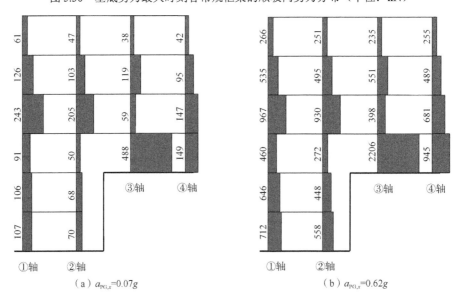

（a）$a_{\mathrm{PG},x}$=0.07g　　　　　　　　（b）$a_{\mathrm{PG},x}$=0.62g

图 5.31　基底剪力最大时刻各常规框架的横坡向剪力分布（单位：kN）

对顺坡向剪力，掉层部分的变形大大削弱了非接地柱分担的剪力，上接地柱承担了该层大部分剪力，掉层部分的顺坡向剪力值也相对较小。上接地层掉层侧①轴、②轴与上接地侧的柱剪力存在方向相反的情况，此时结构上接地层内掉层侧与上接地侧的框架柱的相对变形方向相反，且掉层侧柱相对变形和柱端转角远小于上接地侧柱。在上接地层的相邻上层，掉层侧①轴、②轴框架柱分担的剪力大于上接地侧③轴、④轴，与上接地层相反。$a_{PGx}=0.62g$ 时，结构掉层部分的剪力相对其他部分显著增大，这与上述分析中高强地震作用下结构的层间内力重分布情况是一致的。

对横坡向剪力，掉层侧①轴、②轴的框架柱剪力在上接地层减小，这同样是由于掉层部分变形削弱了上接地层非接地柱的刚度，但非接地柱的横坡向剪力分担比例大于顺坡向；在上接地层，柱剪力总是存在①轴>②轴、③轴>④轴的关系，符合该层刚度中心在③轴右侧时的内力分布规律。随地震强度增加，各榀框架的剪力分布情况相似。

对横坡向各轴线的平面常规框架，同样以 $V/V_{0.07g}$ 表示其剪力放大系数，图 5.32 和图 5.33 给出结构各榀框架在天然波 2 不同地震强度作用时顺坡向和横坡向的层剪力放大情况。

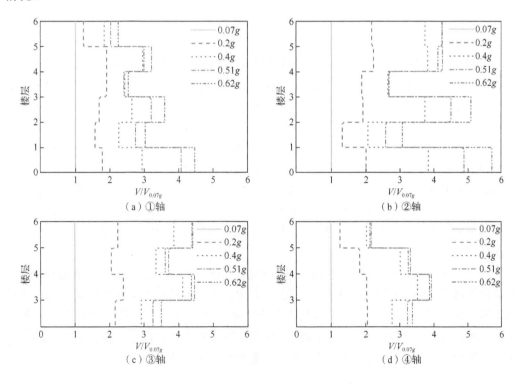

图 5.32　各榀常规框架的顺坡向剪力放大系数

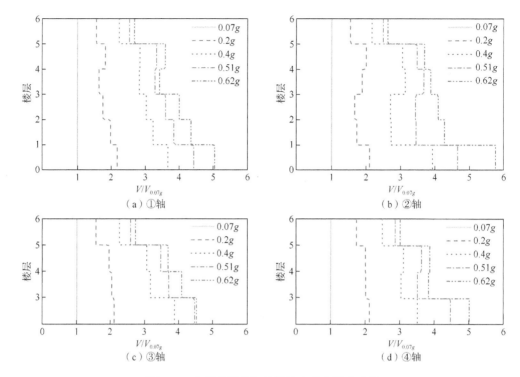

图 5.33　各榀常规框架的横坡向剪力放大系数

由图 5.32 和图 5.33 可知，各榀平面常规框架顺坡向和横坡向的内力重分布规律存在显著差异。对顺坡向层剪力，掉层侧①轴、②轴上框架的重分布情况沿楼层的变化规律与上接地侧③轴、④轴框架不同。对掉层侧框架，3 层的剪力放大系数大于 4 层，而上接地侧框架则与之相反，且 3 层掉层侧框架的剪力放大系数大于上接地侧，4 层则是上接地侧框架的剪力放大系数明显更大些。表明结构 3 层和 4 层柱的刚度退化程度不均匀，3 层上接地柱的刚度退化程度大于非接地柱，4 层掉层侧柱的刚度退化程度更大些，这与试验过程中柱的破坏现象是一致的。对掉层侧框架，掉层底层的剪力放大系数明显大于 2 层。对横坡向层剪力，各平面常规框架的放大系数均沿楼层自上而下呈增大趋势，且高强地震作用下，框架底层的剪力放大系数表现为①轴<②轴，③轴<④轴，这与结构的扭转反应有关。

由本节的分析可知，掉层框架结构顺坡向和横坡向的内力分布及重分布规律不同，顺坡向的楼层剪力表现为显著的层重分布，且各榀平面常规框架的顺坡向剪力在上接地层和相邻上层表现出明显的不均匀重分布，在这两层内剪力的放大系数变化规律相反。横坡向楼层剪力并没有明显的层间重分布，各榀平面常规框架的横坡向剪力的重分布规律相似，均表现为沿楼层自上而下剪力放大系数呈增大趋势。

5.3.2　塑性铰的发展

由图 5.34 可知，在天然波 2 的 0.4g 地震强度作用下，沿横坡向，梁端塑性铰主要在 3~4 层。应注意到，在掉层侧边榀框架中，2 层梁端亦有塑性铰出现；柱铰则在掉层侧出现于①轴、②轴的 4～5 层柱端，在上接地侧出现于③轴的 3 层柱底。由于扭转效应，①轴的柱铰数量及程度均大于②轴。沿顺坡向，梁、柱端部塑性铰主要集中在 3～5 层，掉层部分构件端部无塑性铰；在 3 层，柱铰出现于上接地柱底，非接地柱端部并未出铰；4 层掉层侧①轴、②轴柱底的塑性铰程度明显大于该层其他部位，结构塑性铰的分布情况与试验模型相符的。

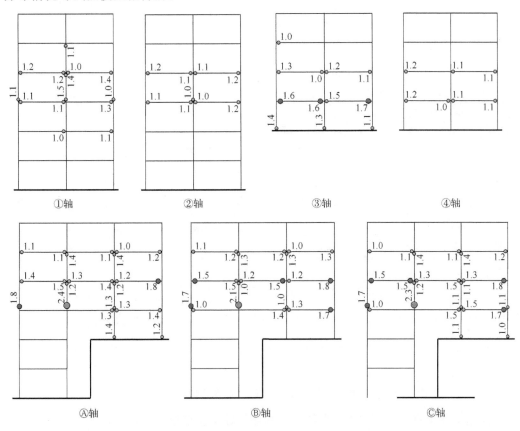

图 5.34　掉层 RC 框架结构在 0.4g 天然波 2 输入时的塑性铰分布

在空间地震作用下，掉层框架结构的柱铰在接地柱端首先出现于顺坡向上接地边柱和横坡向最靠近掉层侧的柱。上接地层和相邻上层的柱端塑性铰分布不均匀且呈相反情况，上接地层的上接地柱侧柱端出铰，而上接地层相邻上层的掉层柱端塑性铰程度更大些。掉层部分的塑性铰程度弱于上部结构。

由图 5.35 可知，在天然波 2 的 0.62g 地震强度作用下，结构各层的梁端、柱端塑性铰发展充分，其数量和程度均远大于 0.4g 地震强度作用时的情况。沿横坡向，不同接地柱的塑性铰程度存在关系：①轴>②轴，③轴>④轴。这与结构的扭转效应有关。在掉层侧和上接地侧，3～4 层的梁端塑性铰程度均显著大于其他楼层，掉层部分的梁端均已出现塑性铰，1 层柱底亦均出铰；④轴上的 4 层柱端出铰，这与该楼层的扭转反应有关。沿顺坡向，掉层部分亦出现梁、柱端部塑性铰，但其数量及程度均少于横坡向；在上部结构，3 层非接地柱端部未出铰，①轴、②轴上的 4 层柱和③轴、④轴上的 3 层柱底部塑性铰程度较大，上接地侧 3 层的梁端塑性铰大于其他部位梁端；扭转效应的存在使得边榀框架的 3~4 层上接地侧柱端塑性铰程度大于中间榀框架。

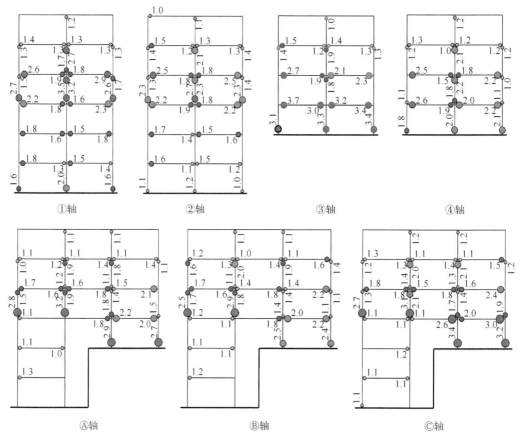

图 5.35 掉层 RC 框架结构在 0.62g 天然波 2 输入时的塑性铰分布

随地震强度增加，掉层 RC 框架结构的塑性铰由主要位于上部结构变为掉层部分的梁柱端部亦出现塑性铰，且掉层部分横坡向的塑性铰数量及程度均大于顺坡向；但破坏相对严重的构件仍位于上部结构，顺坡向边榀框架和横坡向最内侧框架的上接地柱端及相邻梁端、上接地层相邻上层的非接地侧柱端破坏最为严重。

5.4 破坏模式分析

将数值模拟结果与拟静力试验、振动台试验结果相结合，总结山地掉层结构的地震破坏模式。

掉层 RC 框架结构具有明确的阶段式破坏路径，上部结构的破坏先于掉层部分，基本可概括为上部结构部分梁柱屈服→部分上接地柱屈服→上部结构梁柱屈服→掉层部分的梁柱屈服。其中各接地柱的屈服程度受扭转影响明显，且上接地柱的屈服过程具体表现为顺坡向上接地边柱和横坡向最靠近掉层侧的柱首先屈服，之后其他上接地柱屈服。上接地层和相邻上层的破坏分布不均匀，破坏严重的柱所处位置相反，呈现出明显的"Z 字形"特征。在上接地柱达到一定破坏程度后，掉层部分的破坏才会开始明显增大，上接地柱在地震作用下达到的破坏程度对掉层部分的破坏影响较大，同时掉层部分将作为结构的后备抗震防线，且由于扭转反应的影响，其横坡向的破坏通常将重于顺坡向。

5.5　小　　结

本章采用 OpenSees 软件建立非线性模型，对掉层 RC 框架结构地震破坏的影响因素及规律、内力分配及重分布、塑性铰发展过程进行研究，并对其地震破坏过程进行分析和总结，主要得出以下结论。

（1）名义掉层刚度比 γ_{below} 的变化对顺坡向层间位移的影响主要体现在掉层部分和上接地层，对横坡向的影响主要体现在掉层部分。随 γ_{below} 增加，结构损伤向上转移。名义层刚度比 γ_{above} 越小，结构顺坡向柱的破坏越集中于上接地层的上接地柱和上层相邻柱端，而横坡向最大层间位移角可能出现自上部楼层向掉层部分转移，不同接地柱破坏程度受侧移和扭转的综合控制。结构上接地柱和下接地柱的破坏程度均不随名义层内刚度比 γ_{intra} 值的增加呈增大趋势，与结构上接地层非接地构件和相邻上层对应部分的刚度比、结构的偏心率有关。

（2）扭转效应将加剧结构掉层部分的梁柱、上接地最内侧梁柱在横坡向的破坏。掉层 RC 框架结构的扭转效应主要受偏心率 e/r 和抗扭刚度 K_T 的影响；偏心率主要受不同几何布置时名义层内刚度比 γ_{intra} 的影响；而抗扭刚度 K_T 则在顺坡向名义层刚度比 γ_{above} 小于 1.0 时随 γ_{above} 的减小而显著减小。当有足够抗扭刚度时，结构的扭转效应随偏心率增加呈增大趋势。

（3）掉层 RC 框架结构顺坡向和横坡向的内力分布及重分布规律不同。顺坡向的楼层剪力表现为显著的层间内力重分布，且各榀平面常规框架的顺坡向剪力在上接地层和相邻上层表现出明显的不均匀重分布。横坡向楼层剪力并没有明显的层间重分布，各榀平面常规框架的横坡向剪力的重分布规律相似。

（4）掉层 RC 框架结构表现出自上部结构到掉层部分的阶段式破坏过程。上接地层和相邻上层的破坏分布不均匀，且上接地柱屈服过程受扭转反应影响显著，上接地柱的破坏程度对掉层部分影响较大，掉层部分将作为结构的后备抗震防线，且其沿横坡向破坏重于顺坡向。

第 6 章　设置水平接地构件的山地掉层框架
结构地震响应分析

从震害特征及研究来看，掉层框架结构的局部构件破坏相当严重，并且主要发生在上接地层的接地框架柱。这主要是由于上接地层接地柱的抗侧刚度明显大于非接地柱，所受剪力明显大于非接地柱，对强度及延性的需求明显也更大。为改善这种刚度不均匀情况，工程中常在掉层部分设置接地构件。本章将研究水平接地构件的设置对掉层框架结构地震响应的影响。

6.1　水平接地构件的作用及布置

6.1.1　水平接地构件的作用

掉层结构的水平位移变形如图 6.1 所示，可以看出，上接地层非接地部分的层间位移为 $\Delta_4\text{-}\Delta_3$，而接地部分的层间位移为 Δ_4，上接地层接地部分的层间位移大于非接地部分的层间位移。不同接地端对上接地层的影响并不仅是有两个层间位移，更会导致上接地层的接地部分与非接地部分刚度差异显著。其变形差异使得协调接地柱与非接地柱共同工作的水平构件受力更为复杂。

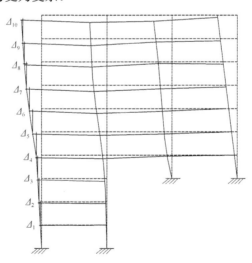

图 6.1　掉层结构的水平位移变形

在掉层结构中，掉层部分的变形极大地减弱了上接地层非接地柱的侧向刚度，造成上接地柱因刚度远大于非接地柱，从而承担该层大部分的水平剪力，在高强地震作用时更易发生破坏。因此，可采取措施提高上接地层非接地柱的侧向刚度以削弱层内刚度的不均匀性，而改变构件尺寸显然不是一种经济有效的方法。若此时在掉层部分顶层设置水平接地构件则可以大大限制掉层顶层的动力反应，改善非接地柱底的约束情况，从而影响掉层结构的变形和受力特点。

6.1.2　水平接地构件的布置方案

从水平接地构件的设置对掉层部分及上接地层梁轴向力的影响，研究其布置方案的优劣。

对平面掉层结构，改变水平接地梁的位置及数量，其布置如图 6.2 所示。

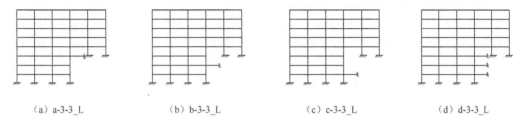

（a）a-3-3_L　　　（b）b-3-3_L　　　（c）c-3-3_L　　　（d）d-3-3_L

图 6.2　水平接地梁布置示意图

图 6.3 展示了反应谱工况下掉层结构中构件轴力分布情况。由图 6.3 可总结梁轴拉力规律如下。

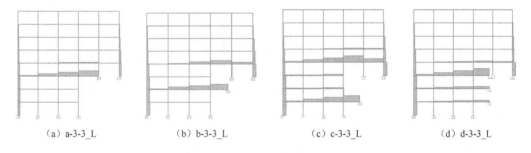

（a）a-3-3_L　　　（b）b-3-3_L　　　（c）c-3-3_L　　　（d）d-3-3_L

图 6.3　反应谱工况下框架轴力分布

（1）水平接地梁设置在掉层部分不同楼层时，水平接地梁所在楼层的框架梁将受到轴拉力作用，且水平接地梁的轴力很大。随着水平接地梁设置楼层的降低，上接地层连系梁的轴拉力逐渐变大。说明水平接地梁设置的楼层位置越低，对掉层部分和上接地部分之间的变形限制作用就越弱。

（2）与仅在掉层顶部设置水平接地梁相比，掉层部分每层均设置水平接地梁时，掉层顶部水平接地梁的轴力略有减小，掉层部分其他楼层的接地梁轴力值较小；掉层部分各层均设置水平接地梁时，上接地层的梁中轴力很小，这与仅在掉层顶层设置水平接地梁是接近的。

因此，认为可仅在掉层部分的顶层设置水平接地构件，没有必要在掉层部分的低楼层设置。《重庆市住宅建筑结构设计规程》（DBJ 50/T—243—2016）中 5.3.8 条的第 3 款规定，宜在上接地端设置与掉层部分相连的楼盖。

6.2   数值模拟研究

6.2.1   分析模型

对掉层框架结构取一榀平面框架进行分析，按照掉层部分与上接地部分的连接方式不同，分为 a 类、b 类两种，即无水平接地梁模型和有水平接地梁模型。对于有水平接地梁的掉层框架结构，当其掉层部分的层数为 5 层，掉层跨数为 3 跨时，命名为 b-5-3。本节算例的上部结构均为 5 层，掉层部分的层数分布为 1 层、3 层、5 层，掉层跨数分别是 1 跨、2 跨、3 跨、4 跨。下面仅将部分平面模型示意图列出，即掉 3 层的 a、b 两类掉层结构模型的示意图，如图 6.4 所示。结构层高均为 3m，跨度均为 6m。各构件结构参数见表 6.1。

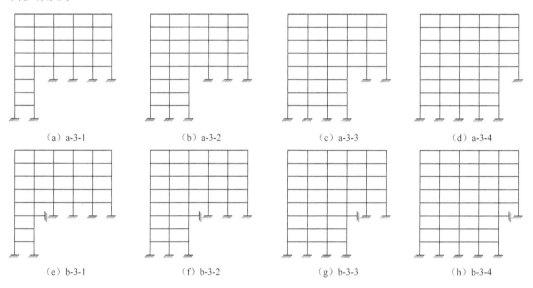

| (a) a-3-1 | (b) a-3-2 | (c) a-3-3 | (d) a-3-4 |

| (e) b-3-1 | (f) b-3-2 | (g) b-3-3 | (h) b-3-4 |

图 6.4   分析模型示意图

表 6.1   结构参数

楼层高度	杆件类型	层数范围	截面尺寸	混凝土等级
5 层+掉层	上部结构柱	1～5 层	500mm×500mm	C30
	掉层部分柱	1～3 层	600mm×600mm	C30
	掉层部分柱	4～5 层	700mm×700mm	C30
	梁	所有层	250mm×550mm	C30

各掉层框架结构的抗震设计信息为抗震设防烈度为 7 度（0.1g），设计地震分组为第一组，Ⅱ类场地。依据《建筑抗震设计规范（2016 年版）》（GB 50011—2016）的相关要求，采用盈建科软件进行配筋设计，钢筋强度等级为 HRB400，混凝土的强度等级均为 C30。

6.2.2　影响规律

1. 对柱剪力分布规律影响

设置水平接地梁后，将上接地层中接地柱与非接地柱的剪力分配规律以及接地柱与非接地柱承担剪力的比例变化情况进行对比分析。

掉层框架结构上接地层中柱的定义及编号如图 6.5 所示，框架柱从左至右依次编号为①～⑥。表 6.2 和表 6.3 给出上接地层中接地柱与非接地柱承担剪力的比例。

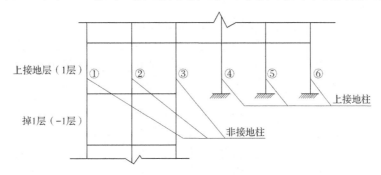

图 6.5　上接地层柱定义及编号

由表 6.2 和表 6.3 可知，模型 a 中掉层结构上接地柱的剪力之和很大，当掉层跨数相同时，随着掉层层数的增加，虽然表面看上接地柱的剪力之和占该层总剪力的百分比是先增后减，但本质上上接地柱分担的剪力值是越来越大的，即掉层层数越多，对上接地柱越不利。模型 b 在掉层部分顶部设置了水平接地梁后，上接地层剪力由非接地柱和接地柱共同较为均衡地承担，且随着掉层层数的增加，上接地层中所有柱的剪力值总合变化很小。说明设置水平接地梁后，上接地柱受力状况将得到改善。

表 6.2　模型 a 上接地层柱剪力分配比

模型 a		非接地柱		接地柱	
掉层数	掉跨数	剪力之和/kN	所占比例/%	剪力之和/kN	所占比例/%
1	1	61.1	14.3	366.4	85.7
	2	118.8	27.9	307.7	72.1
	3	193.1	45.6	230.5	54.4
	4	293.8	70.4	123.4	29.6
3	1	39.7	8.7	417.4	91.3
	2	68.6	14.9	391.8	85.1
	3	110.9	24.6	339.1	75.4
	4	199.1	46.8	226.0	53.2
5	1	82.6	16.0	433.2	84.0
	2	125.3	22.6	428.8	77.4
	3	151.1	27.5	398.5	72.5
	4	187.9	39.5	287.2	60.5

表 6.3　模型 b 上接地层柱剪力分配比

模型 b		非接地柱		接地柱	
掉层数	掉跨数	剪力之和/kN	所占比例/%	剪力之和/kN	所占比例/%
1	1	113.4	26.5	314.2	73.5
	2	180.8	42.3	246.8	57.7
	3	253.9	59.4	173.5	40.6
	4	340.4	79.8	86.2	20.2
3	1	108.5	25.5	316.4	74.5
	2	177.1	41.7	247.4	58.3
	3	250.8	59.1	173.7	40.9
	4	338.1	79.6	86.7	20.4
5	1	108.5	25.7	314.4	74.3
	2	177.9	42.0	245.5	58.0
	3	251.4	59.3	172.4	40.7
	4	337.1	79.6	86.2	20.4

　　上接地层内各柱的剪力在小震作用下的分布情况如图 6.6 所示。无水平接地梁的掉层结构上接地层各接地柱的剪力都远大于非接地柱。当掉跨数相同时，掉层层数越多，上接地柱的剪力值也越大，对协调接地柱与非接地柱刚度的水平接地梁越不利。掉层层数相同时，随掉跨数增加，上接地柱数量减小，其承担的剪力增大。在掉层部分顶部设置水平接地梁后，随掉层层数和掉层跨数的增加，上接地层中非接地柱的剪力值与上接地柱的剪力值差异不大，与平地框架结构底层柱的剪力分配类似。这表明水平接地梁的设置对掉层结构内力分配的均匀性是有利的，能够改变（a 类模型）普通掉层结构上接地层接地柱在地震作用下分担剪力过大这一现象。但是，水平接地梁因限制了上接地层的变形而受到很大轴力这一事实必须引起重视，应防止接地梁过早破坏。

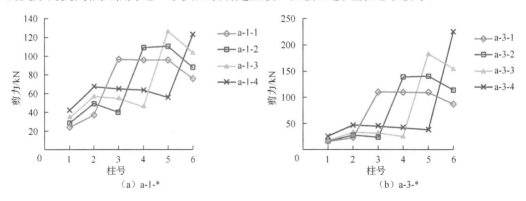

（a）a-1-*　　　　　　　　　　　（b）a-3-*

图 6.6　上接地层柱剪力分布

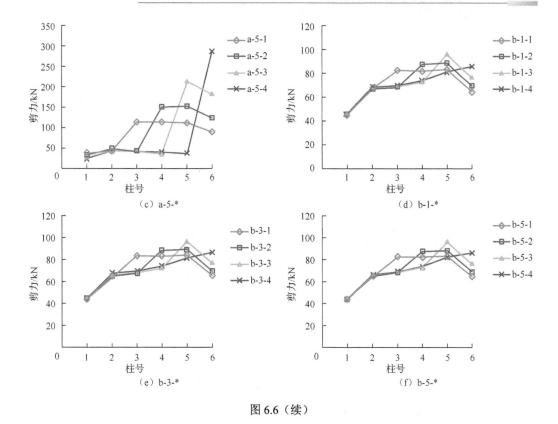

图 6.6（续）

2. 层间位移对比

7 度（0.1g）多遇地震作用下，对设置水平接地梁的掉层结构、无接地梁的掉层结构，以及无掉层部分的普通结构的层间变形进行比较，如图 6.7 所示。在以前的研究中，已明确了层间变形较大处主要集中在上接地 1 层、2 层，掉层部分层间变形较小；且上接地层接地部分框架柱的变形大于非接地柱变形，故选择上接地层的接地边柱作为层间位移的监测点。

从图 6.7 可知，除 1 层外，其余楼层上部层间位移的变化率大致呈线性，较为均匀；没有设置水平接地梁的掉层结构模型中，最大层间位移出现在上接地层，掉跨数越多，上接地层的层间位移较上部其他楼层的层间位移增大越明显；设置水平接地梁的掉层结构和普通结构的变形情况相似，除了上接地层稍有增大，其余楼层较为接近，由此可推断，设置水平接地梁后，掉层结构的抗震性能与没有掉层的普通结构类似。导致这种现象的原因主要是设置水平接地梁以后，限制了掉层部分顶端（上接地层非接地柱底端）的水平变形，加强了非接地柱底端的约束，即增大了非接地柱的抗侧刚度，使得上接地层抗侧刚度明显增大。掉跨数越多，设置水平接地梁的掉层结构接地柱的层间位移变形与普通结构的差异也增大。

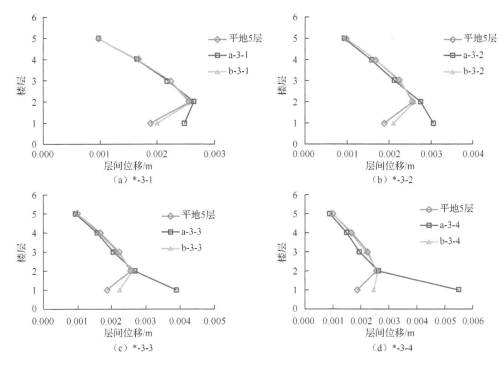

图 6.7   不同掉层跨数时结构层间位移对比

3. 屈服机制及薄弱部位研究

模型中梁、柱出现塑性铰的顺序及塑性变形集中的薄弱部位统计归纳见表 6.4 和表 6.5，部分模型的塑性铰分布如图 6.8 所示。为便于表述梁、柱构件的位置，做如下规定说明：掉层结构从上接地面楼层向上依次记为 1 层、2 层、3 层等，从上接地面楼层向下依次记为掉 1 层、掉 2 层、掉 3 层等，柱的编号由楼层和轴线编号来排序。如上接地层的所有柱子从左到右依次为 1 层柱 1、柱 2、柱 3、柱 4、柱 5、柱 6。

表 6.4   梁、柱出现塑性铰的顺序及塑性变形集中的部位（无水平接地梁模型 a）

掉层数	掉跨数	梁出铰顺序	柱出铰顺序	塑性变形集中部位（薄弱部位）
1	1	首先是上接地部分的 1 层梁端及 2~3 层梁端，其次是 1 层其余梁端及掉 1 层梁端	无	上接地部分的 1 层梁端
	2	首先是上接地部分的 1 层梁端和 2~3 层梁端，其次是上部 4~5 层梁端	1 层柱 4 的柱底	上接地部分的 1 层梁端；1 层柱 4 的柱底
	3	首先是上接地部分的 1 层梁端和 2 层梁端，其次是上部 1 层其余梁端及 3~4 层梁端	1 层柱 5、柱 6 的柱底	上接地部分的 1 层梁端；1 层接地柱 5，柱 6 柱底
	4	首先是上接地部分的 1 层梁端，其次是掉 1 层梁端和 2~3 层梁端	1 层柱 6 的柱底	上接地部分的 1 层梁端；1 层接地柱 6 柱底

续表

掉层数	掉跨数	梁出铰顺序	柱出铰顺序	塑性变形集中部位（薄弱部位）
3	1	首先是 1 层接地部分梁端及 2~4 层梁端，其次是掉 1 层部分梁端	1 层柱 3、柱 4 的柱底	1 层接地部分梁端；坎上 1 层柱 3、柱 4 的柱底
	2	首先是 1 层接地部分梁端及 2~5 层梁端，其次上接地 1 层其余梁端和坎下掉 1 层梁端	1 层柱 4、柱 5、柱 6 的柱底	1 层接地部分梁端；1 层柱 4、柱 5、柱 6 的柱底
	3	首先是上部 1 层梁端及 2~5 层梁端，其次是掉层部分梁端	坎上 1 层柱 5、柱 6 的柱底	1 层梁端；1 层柱 5、柱 6 的柱底
	4	首先是 1 层梁端，其次是掉层部分梁端及上部 2~5 层梁端	坎上 1 层柱 6 的柱底	1 层梁端；1 层柱 6 的柱底
5	1	首先是上接地部分 1 层梁端及上部 2~4 层梁端，其次是掉 1 层梁端及掉层部分梁端	无	上接地部分 1 层梁端
	2	首先是 1 层接地部分梁端，其次是掉 4~5 层梁端及上部 2~4 层梁端	1 层接地柱 4、柱 5、柱 6 的柱底	上接地部分 1 层梁端；一层柱 4、柱 5、柱 6 的柱底
	3	首先是接地部分 1 层梁端和掉层部分梁端，其次是上部 2~4 层梁端和 1 层其余梁端	1 层接地柱 5、柱 6 的柱底	上接地部分 1 层梁端；柱 5、柱 6 的柱底
	4	首先是上接地部分 1 层梁端，其次是上部 2~4 层梁端和上部 1 层其余梁端	1 层接地柱 6 的柱底，及其上部 2 层柱 6 的柱底	1 层接地部分梁端；1 层接地柱 6 的柱底及其上部 2 层柱 6 的柱底

表 6.5　梁、柱出现塑性铰的顺序及塑性变形集中的部位（有水平接地梁模型 b）

掉层数	掉跨数	梁出铰顺序	柱出铰顺序	塑性变形集中部位（薄弱部位）
1	1	首先是上部 2 层部分梁端，其次是 1~4 层梁端	无	上部 2 层梁端
	2	首先是上部 2 层部分梁端，其次是 1~4 层梁端	无	上部 2 层梁端
	3	首先是上部 2 层梁端和 1~4 层梁端，其次是掉 1 层梁端	无	上部 1 层、2 层梁端
	4	首先是上部 1 层梁端及 2 层梁端，其次是 3~4 层梁端	无	上部 1 层、2 层梁端
3	1	首先是上接地部分 1 层、2 层梁端和掉层部分梁端，其次是 1 层其余梁端和 2~5 层梁端	无	上部 1 层、2 层梁端及接地梁梁端
	2	首先是上部 2 层梁端及掉层 1 部分梁端，其次是 1~5 层部分梁端	无	上部 2 层梁端及掉 1 层接地梁梁端
	3	首先是掉 1 层梁端和上部 2 层梁端，其次是掉层部分梁端和 3~5 层梁端	无	接地梁一端及上部分 2 层梁端
	4	首先是上部 1~2 层部分梁端和掉 1 的接地梁端，其次是掉 3 层梁端及 2~5 层部分梁端	上部 1 层接地柱 6 的柱底	接地梁及 1~2 层梁端；1 层接地柱 6 的柱底

续表

掉层数	掉跨数	梁出铰顺序	柱出铰顺序	塑性变形集中部位（薄弱部位）
5	1	首先是 1 层、2 层部分梁端及掉层部分的梁端，其次是上部 1~4 层其余梁端	无	上部 1~2 层梁端及掉层部分的梁端
	2	首先是上部 2 层梁端和掉 1 层、5 层梁端，其次是 1 层部分梁端、2~4 层梁端和掉层部分的梁端	无	上部 2 层梁端
	3	首先是 2 层梁端和掉 1 层梁端，接着是 1~5 层梁端，其次是掉 4~5 层部分其余梁端	无	2 层梁端和掉 1 层梁端
	4	首先是 2 层梁端和掉 1 层、5 层梁端，其次是 2~5 层梁端	上部 1 层接地柱 6 的柱底	掉 5 层梁端及上部分 2 层梁端；坎上 1 层接地柱 6 的柱底

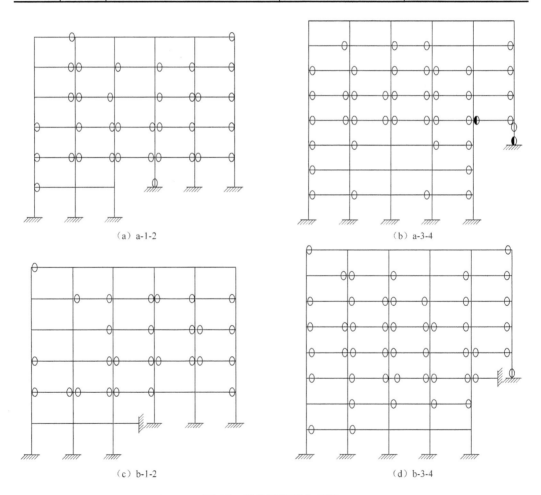

（a）a-1-2 （b）a-3-4

（c）b-1-2 （d）b-3-4

图 6.8 结构塑性铰分布图

对不设置水平接地梁的掉层结构模型 a，其薄弱层位置一般位于上接地层及相邻上层。掉跨数和掉层层数越大，上接地的梁、柱越早屈服，同时上部 2 层、3 层梁端的塑性铰集中程度增加。掉层部分出现塑性铰的时刻较晚，相比上部楼层其破坏程度较轻。设置水平接地梁后，掉层层数较少时，上接地柱不再出铰，上接地层相邻上层的梁端出铰较多；掉层层数较多时，随掉跨数增加，上接地层的接地柱柱底出铰，但与模型 a 相比，柱端塑性铰部位相对较轻。

6.3　拟静力试验研究

6.3.1　试验方案

试验原型模型为总层数 8 层、总跨数 3 跨、掉 2 层 1 跨的带水平接地梁掉层结构，相关设计资料见表 6.6。

表 6.6　原型结构设计资料

设防烈度	设计地震分组	场地类别	楼面活载	混凝土强度	纵筋	箍筋
8 度（0.2g）	第一组	Ⅱ类	2.0kN/m^2	C30	HRB400	HPB300

原型结构中，柱截面取用 600mm×600mm，梁截面取用 300mm×600mm，原型结构掉层及上部楼层的平面布置图如图 6.9（a）、（b）所示，整体外立面图如图 6.9（c）所示。

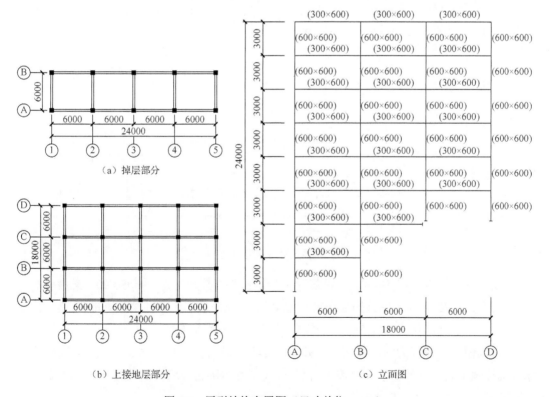

（a）掉层部分　　　（b）上接地层部分　　　（c）立面图

图 6.9　原型结构布置图（尺寸单位：mm）

　　综合考虑实验室加载条件、场地、试件材性、浇筑质量及试验经费等各方面因素，将试验试件设计为总 5 层 3 跨、掉 2 层 1 跨的有接地梁掉层结构，相似关系见表 6.7。

表6.7　相似关系

物理量	弹性模量	长度	面积	质量	荷载	位移	应力	应变	轴力	剪力	弯矩
原型	1	1	1	1	1	1	1	1	1	1	1
模型	1	1/4	1/16	1/16	1/16	1/4	1	1	1/16	1/16	1/64

　　模型设计依据 1∶4 缩尺比例，并对其他条件加以保持，柱、梁截面尺寸分别为 150mm×150mm、100mm×150mm。模型与原型的材料强度及弹性模量比例为 1∶1，采用 C30 混凝土，HRB400 级钢筋；因 Φ4 钢筋（HPB300 级）并无市售，以钢丝替代，必然会有相应加强。采用 300mm×400mm×6450mm 的地梁作为试件基础，用以维持试验过程中试件固定状态。图 6.10 和图 6.11 为最终试件尺寸及配筋。梁、柱纵向钢筋采用通长钢筋，梁、柱箍筋分别采用面积配箍率、体积配箍率相似的原则确定，保护层厚度均取为 50mm。

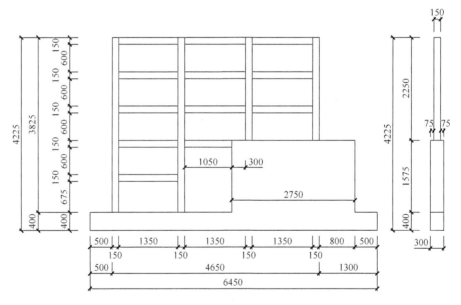

图 6.10　试件尺寸（尺寸单位：mm）

　　梁箍筋配置为 Φ4@50/90；柱箍筋除上接地柱外，其余均为 Φ4@50/90。梁箍筋加密区距左右梁端 225mm；柱箍筋加密区接地处为 225mm，其余距柱端 150mm。梁、柱端部箍筋同节点边缘保持 20~30mm，依据应变片的位置适当调整。

　　对预留试块进行力学性能试验，试块的实测结果见表 6.8。表 6.8 中 E_c（弹性模量）、f_t（抗拉强度）、f_c（轴心抗压强度）都以 f_{cu}（立方体抗压强度实测数据）换算得到，试件钢筋力学性能见表 6.9。

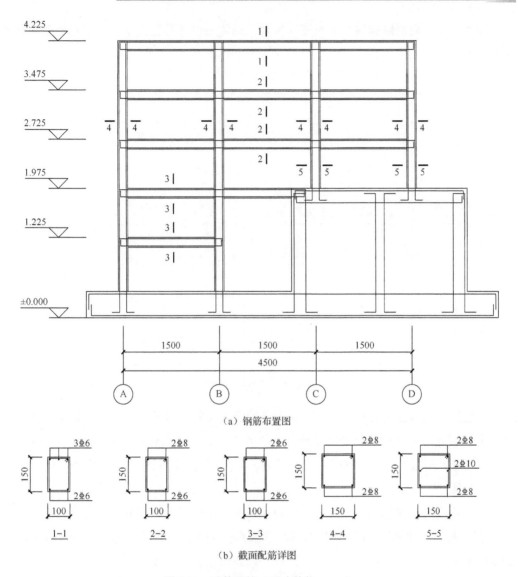

（a）钢筋布置图

（b）截面配筋详图

图 6.11　试件配筋（尺寸单位：mm）

表 6.8　混凝土力学性能

强度等级	f_{cu} /MPa	f_c /MPa	f_t /MPa	E_c /MPa
C30	38.37	30.31	2.94	32212.8

表 6.9　钢筋力学性能

钢筋	d/mm	f_y /MPa	f_u /MPa	E_c /MPa
HRB400	4	317.7	412.7	261583
HRB400	6	431	599.7	195301
HRB400	8	452.7	635.3	197459
HRB400	10	421.7	595	160410

在梁、柱端截面纵向钢筋上布置应变片，以监测钢筋的受力状态。试验加载装置如图 6.12 所示。

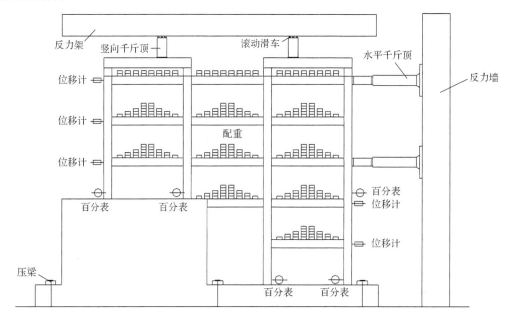

反力架　竖向千斤顶　滚动滑车　水平千斤顶　反力墙
位移计　位移计　位移计　配重　百分表　位移计　位移计
百分表　百分表　压梁　百分表　百分表

图 6.12　试验加载装置

试验加载共有 3 个阶段。第一阶段为预加竖向荷载，通过型钢分配梁施加于试件顶层 4 个柱顶处，逐步加载至竖向设计压力值的 30%，加载后保持压力 3min 后再卸载至零。主要目的是对各仪器工作情况进行检查，同时对竖向荷载作用下平面外变形是否明显加以观测[26]。

第二阶段为正式施加竖向荷载，分为 4 个步骤加载完成，即第一跨竖向加载点压力值分别为 40kN、80kN、120kN 和 150kN；第三跨竖向加载点压力值分别为 30kN、60kN、100kN 和 140kN。在试验进行时，保持竖向荷载数值稳定不变。

第三阶段为施加水平荷载，由于试件为 RC 框架结构，并不能像构件屈服那样对结构屈服进行明确界定，所以在试验过程中采取广义"位移角"进行位移控制加载，所对应高度为上接地第 1 层至第 3 层高度，为 2200mm。水平加载制度（图 6.13）：①为了获得准确的滞回曲线及刚度退化曲线，各加载等级采用两个循环，第一循环采用 7 点加载（加载-卸载均为三等分步长），第二循环仅采用 3 点加载，即峰值和零点；②位移循环开始时一定要将结构控制在弹性状态下，后续加载循环位移为此前循环所加位移的 1.25～1.5 倍；③最终加载循环应使结构塑性变形发展非常充分，此时位移角为 1/30～1/25。

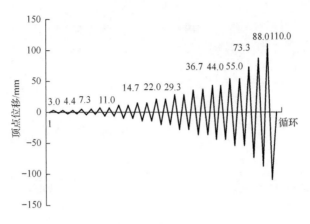

图 6.13　水平加载制度

6.3.2　试验现象

为方便描述，对梁、柱进行编号，如图 6.14 所示。

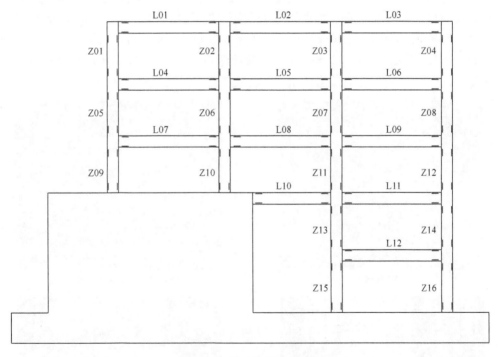

图 6.14　梁、柱截面编号图

通过第 3 层的"位移级别"对后续实验中加载历程予以相应的区分。试验现象描述可以分为 3 部分。

（1）裂缝最早出现于位移值达到 2.2mm（第 3 层，下同）的时候；此时，仅有梁端出现裂缝，如图 6.15 所示。

 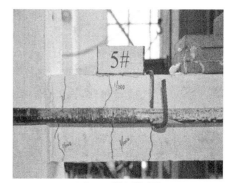

（a）L04 梁左开裂　　　　　　　（b）L09 梁左端开裂

图 6.15　梁端开裂

（2）在水平位移 3mm 时，最早出现受拉裂缝的位置为 L10（接地梁）左端、Z10 和 Z09 两上接地层柱底部位置，其他裂缝也只出现在梁端；当位移值增加到 7.3mm 时，L10（接地梁）出现如图 6.16（b）所示的沿长度方向较均匀分布的裂缝，同时 Z11、Z12 两端出现裂缝，各梁端部裂缝继续发展；当位移值为 11mm 时，Z09 底部、Z10 顶部、Z11 两端裂缝贯通，如图 6.16（c）～（f）所示；裂缝进一步发育，Z10、Z11 端节点处，裂缝较为密集，如图 6.16（g）和（h）；当位移值达到 44mm 时，Z10、Z11 有混凝土开始剥落，同时可见 Z11 有明显位移加大，裂缝加宽的情况，如图 6.16（i）和（j）。

（a）Z09 底端开裂　　　　　　　（b）L10（接地梁）左端开裂

（c）Z09 底部裂缝贯通　　　　　　（d）Z10 顶部裂缝贯通

图 6.16　裂缝发育

（e）Z11 顶部裂缝贯通　　　　　　（f）Z11 底部裂缝贯通

（g）Z10 端节点裂缝较密集　　　　　（h）Z11 端节点裂缝较密集

（i）Z09 底部混凝土剥落　　　　　　（j）Z11 底部混凝土剥落

图 6.16（续）

（3）当位移加载到 88mm 时，因第 2 层所用位移计量程有限，没有测量到后面的位移数据。位移加载到 110mm 时，上接地柱 Z10 底部混凝土剥落厉害。在这个过程中，梁、柱端部混凝土受压破碎，试件塑性发展充分，产生明显残余变形，如图 6.17 所示。试件的最终破坏是以上接地层柱（Z10）底混凝土大量剥落和纵向钢筋与箍筋严重变形为标志。

（a）Z10 底部裂缝发展

（b）Z11 节点保护层脱落严重　　　　　　　（c）Z12 节点保护层脱落严重

图 6.17　破坏情况

图 6.18 为试件裂缝发展情况。梁是主要的裂缝分布区域，接地梁及与之邻近梁表现出沿长度方向较为均匀的裂缝。对柱子来说，上接地层处的柱子最先出现裂缝，同时裂缝也发展得最为充分和严重；下接地层的柱子仅掉 1 层边柱出现裂缝，且发展并不严重。

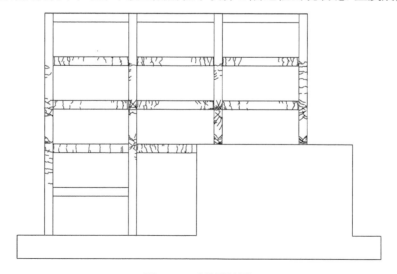

图 6.18　试件裂缝图

试验过程中，第 3 层梁由于以下特殊情况，并未画裂缝：①有侧向支撑的遮挡；②梁高度较高；③梁上放置了配重，有一定的不安全因素。

试件破坏以上接地层柱脚混凝土压溃为标志，主要表现为柱身因为柱脚混凝土压溃而发生错动，柱端纵向钢筋受压弯曲鼓出，箍筋外露。上接地 1 层为变形和破坏最严重部位，图 6.19 为试验后试件情况。

（a）破坏最为严重处（Z10）　　　　　　（b）试验后的整体试件

图 6.19　试验后的试件

6.3.3　试验数据处理

1. 塑性铰情况

通过纵向钢筋上所贴应变片得到试件钢筋屈服的先后顺序，并结合试件裂缝开展顺序，共同确定试件的出铰顺序。试验框架的出铰顺序如图 6.20 所示，图中数字表示出铰顺序，括号内的数字为出铰时框架第 3 层节点的侧向位移值，上脚标表示该位移幅值所在循环的次数。

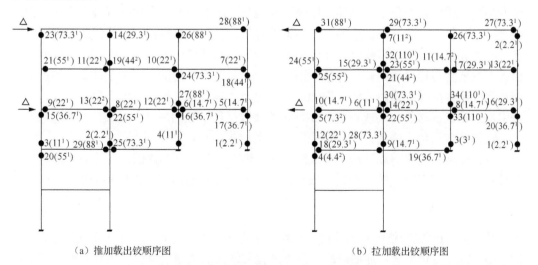

（a）推加载出铰顺序图　　　　　　　　（b）拉加载出铰顺序图

图 6.20　试验框架出铰顺序图（单位：mm）

在加载过程中，最早出现裂缝、塑性铰之处分别为梁端和上接地柱，梁端随后也出现大量塑性铰，最终形成混合破坏机制。从开裂与出铰图可知：①裂缝主要分布于框架上接地部分，接地梁及其邻近梁裂缝沿梁长度方向呈现较均匀分布；②框架中塑性铰首先出现在上接地层柱端；③塑性铰主要集中在上接地层一层的梁、柱端，且分布较为均匀；④下接地部分仅有与上接地部分连接处柱端出现塑性铰。

2. 滞回曲线

试验中由动态应变仪经 X-Y 仪所得到的荷载-顶点位移的滞回曲线如图 6.21 所示。

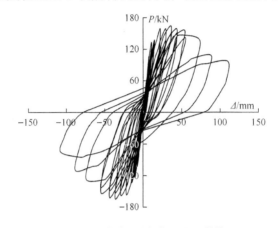

图 6.21　荷载-顶点位移滞回曲线

由图 6.21 可知以下结论。

（1）有接地梁掉层框架的变形能力较强，在整个加载过程中，直到顶层位移达到 110mm 时，试件的承载能力仍然可以得到保障。

（2）在循环荷载作用下，加载初期，试件基本处于弹性阶段，滞回曲线呈线性变化，滞回环所包围的面积很小，试件刚度无明显退化；随荷载增加，试件开裂，梁端弯曲裂缝开展，试件从弹性阶段快速进入到弹塑性阶段，损伤累积导致滞回曲线所包围面积加大，滞回曲线呈梭形，卸载时试件出现残余变形，刚度退化；荷载继续增加，滞回曲线由梭形发展为弓形，滞回曲线所包围面积增大，表现出一定的“捏缩”现象；增加循环荷载到一定程度时，滞回曲线更加饱满，呈现反“S”形，“捏缩”现象更加明显，残余变形接近加载侧移的一半或更多，并且随着荷载循环次数的增加，同级广义“位移角”下，试件抗剪承载力降低，滞回曲线所包围面积减小[36]。

（3）滞回曲线在加载过程中会呈现出“捏缩”现象，究其原因，在于第 3 层柱底会在反复荷载作用下出现较为严重的破坏，以至于更加容易出现上部结构变形。

3. 骨架曲线

图 6.22 为框架的整体骨架曲线，反映了结构的主要受力阶段：在线弹性阶段，结构侧移小，刚度变化不大；屈服阶段，刚度随位移增加而大幅度降低；破坏阶段，峰值荷载以后，骨架曲线有所下降但下降段位移变化较大，表明结构延性较好。

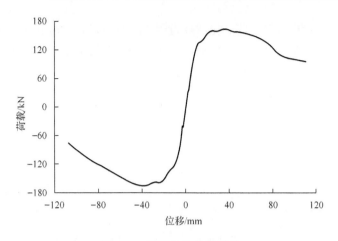

图 6.22　框架整体骨架曲线

4. 整体刚度

图 6.23 给出了试件在正反向加载过程中 $K=F/D$（割线刚度）所表现出的退化规律。结构刚度在梁端截面开裂之后会逐步退化，在加载位移的过程中，上接地柱会出现裂缝，会加快试件刚度衰减的速度；梁、柱端塑性铰在试件屈服后获得较充分的发展，降低试件刚度衰减速度。

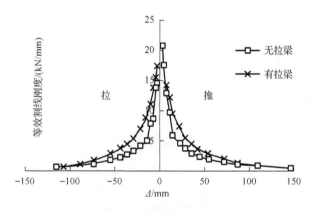

图 6.23　整体刚度退化曲线

结构虽然存在两个不同的接地层、左右不对称的问题，但接地梁的存在弱化了其在加载过程中对试件整体刚度的影响，因此结构整体刚度在正向、反向加载过程中大致相当。

5. 层间位移角

掉层框架结构存在两个不同的嵌固端，意味着计算上接地层的层间位移角时，有两个不同的起算点，相对于上接地跨来计算得到的层间位移角值大于相对下接地跨位移得到的层间位移值。但接地梁的存在将下接地跨部分同山地连接成为整体，减小下接地跨部分位移，使得下接地跨部分顶点位移接近于 0，不同起算点得到的层间位移角值差异极小。在图 6.24 中分别列出了两种情况所对应的层间位移角。图中只列出了层间位移角值前 10 个循环，后续循环层间位移角值变化规律相同。

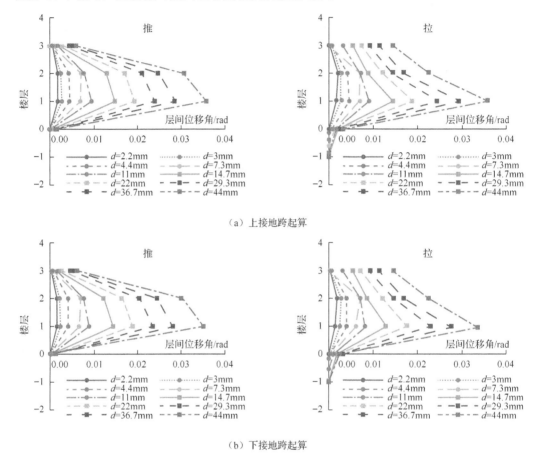

（a）上接地跨起算

（b）下接地跨起算

图 6.24　各循环最大层间位移角

6.4　振动台试验研究

6.4.1　试验方案

在振动台试验模型 D2K1 的 2 层楼板处设置水平接地梁板，并嵌固于岩土体，形成设置水平接地构件的掉层框架结构模型 D2K1-L。模型 D2K1-L 的基本布置如图 6.25（a）所示，设置水平梁板将改变结构的分析模型，因此依据《建筑抗震设计规范（2016 年版）》（GB 50011—2010）进行重新配筋设计。

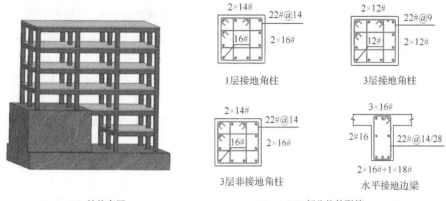

（a）结构布置　　　　　　　　　　　　　（b）部分构件配筋

图 6.25　振动台试验模型 D2K1-L

仍采用与表 4.1 一致的相似关系进行试验设计，缩尺模型 D2K1-L 的微粒混凝土和镀锌铁丝的材料性能均与模型 D2K1 相同。按照承载力等效原则进行缩尺模型设计后，部分构件的配筋如图 6.25（b）所示。根据总质量和各层质量分布与原模型相似的原则，模型 D2K1-L 中 2 层的配重为 0.292t，其他层配重与模型 D2K1 相同。

对模型 D2K1-L，2 层加速度传感器布置位置为测点 P₂、测点 P₄，如图 6.26 所示。其他层与模型 D2K1 相同，位移计布置与模型 D2K1 相同，该模型的加载制度与模型 D2K1 相同。

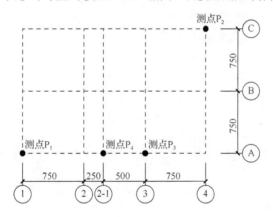

图 6.26　模型 D2K1-L 的加速度测点布置（尺寸单位：mm）

6.4.2　试验现象

各个加载阶段后，模型 D2K1-L 的裂缝情况如下所述。

0.12g 地震波激励后，模型 D2K1-L 中，3 层非接地柱 3A、4A 底部有双向细微裂缝，柱 3C 底部有单向水平短裂缝；在 3～5 层 4 轴上柱均在其顶部有细微裂缝产生。

0.33g 地震波激励中，拉梁 A23 与岩土体连接的交界面出现裂缝；3 层非接地柱 3A、3C 顶部出现细微裂缝，与角柱 4A 相交的梁 4AB、A34 均在顶部开裂，4～6 层均在柱端有新裂缝产生。

0.50g 地震波激励中，3 层接地柱底部和掉层部分均仍未出现裂缝，3 层梁 C12 两端均自梁顶局部开裂，3 层非接地柱及 4～6 层部分柱端部裂缝有所发展。

0.65g 地震波激励后，与 3 层接地柱相连的梁 A12 在轴线 1 端出现裂缝，4～6 层部分柱底新增水平裂缝，5 层梁 A12 在轴线 1 侧开裂。

0.84g 地震波激励后，3 层接地柱 2A 柱底产生水平裂缝，轴线 4 上角柱柱端水平裂缝有所扩张，新增裂缝主要表现为 3～4 层的梁端裂缝，4～6 层个别柱端有水平裂缝产生。

1.01g 地震波激励后，3 层柱 1C 底部开裂；4 层柱 1A 中部出现斜裂缝，梁 A23 在与轴线 3 相交侧开裂；6 层柱 1A、2A 柱底开裂。

1.20g 地震波激励后，多处裂缝宽度增大，3～5 层柱底微粒混凝土少量剥落，4 层柱 3C 顶端节点处产生斜裂缝。

1.49g 地震波激励后，3 层柱底部均已沿水平向开裂，柱端有表层混凝土掉渣脱落；裂缝主要在 3～6 层；在掉层部分，1 层柱 4C 顶部沿双向水平裂开，与岩土体相连梁 A23 上裂缝在楼板上向岩土体斜向延伸，模型的最终破坏状态如图 6.27 所示。

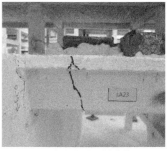

（a）上接地角柱　　　　　（b）3 层掉层侧角柱梁柱节点　　　　　（c）拉梁与岩土体连接

（d）顺坡向上接地侧　　　　　（e）顺坡向掉层侧　　　　　（f）横坡向掉层侧

（g）2～3 层上接地与掉层连接部位　　　　　（h）顺坡向整体破坏　　　　　（i）横坡向整体破坏

图 6.27　模型 D2K1-L 最终破坏状态

各加载阶段后，模型裂缝发展情况见表 6.10。在设置水平接地构件的掉层框架结构模型 D2K1-L 中，与岩土体相连构件端部虽有开裂，结构破坏仍主要集中于 3～6 层。3 层柱底均为沿水平向的受弯裂缝，在 3～6 层形成梁柱混合铰的整体破坏；掉层部分破坏轻微，水平接地构件的设置大大限制了掉层部分的破坏，对掉层框架结构破坏特征的影响显著。

表 6.10　模型 D2K1-L 破坏情况

加载阶段	模型 D2K1-L
1	3～5 层柱端细微水平裂缝
2	拉梁与岩土体交界面开裂，裂缝主要在 3～6 层柱端，3 层接地柱底未开裂
3	3 层非接地柱及 4～6 层柱端裂缝发展
4	3 层上接地柱相连梁端开裂
5	3 层个别接地柱底开裂，3～4 层梁端新增裂缝
6	3～6 层裂缝发育
7	3～5 层柱底存在混凝土少量剥落，裂缝宽度增加
8	3 层柱底均水平向开裂，掉层破坏轻微

在整个试验阶段，模型 D2K1-L 与模型 D2K1 的裂缝发生部位和发展过程相差较大，最终破坏形态明显不同。水平接地构件的设置对掉层框架结构地震破坏特征影响较大。设置水平接地楼盖的掉层框架结构模型 D2K1-L 在上部楼层形成梁柱混合铰的整体破坏，但相较于未设置水平接地构件的掉层框架结构模型 D2K1 中上接地层内框架柱的不均匀破坏及上接地柱的严重破坏，其上接地层的非接地柱及上接地柱端部均发生破坏，且破坏程度无显著差异。模型 D2K1-L 掉层部分破坏轻微，未发生自上部结构向掉层部分的阶段式破坏过程。

6.4.3　试验数据处理

1. 动力特性

将模型 D2K1-L 沿其顺坡向（x 向）、横坡向（y 向）的前 3 阶频率列于表 6.11。图 6.28 给出了模型 D2K1 和模型 D2K1-L 在各阶段地震波加载后水平向前 3 阶频率的变化趋势。

结合表 4.11 可知，地震工况加载前模型 D2K1-L 在顺、横坡向的前 3 阶频率均大于模型 D2K1，表明水平接地构件的设置提高了掉层 RC 框架结构两个方向的抗侧刚度。模型 D2K1-L 与模型 D2K1 的 1 阶频率在顺坡向、横坡向的比值分别为 7.99/6.75=1.18、7.28/5.64=1.29，横坡向频率增加程度更大些，表明设置水平接地构件对横坡向刚度的影响程度大于顺坡向。

表 6.11　模型 D2K1-L 频率　　　　　　　（单位：Hz）

白噪声工况	x 向			y 向		
	f_1	f_2	f_3	f_1	f_2	f_3
1	7.99	27.73	47.42	7.28	26.75	44.60
30	7.12	25.09	43.25	6.59	24.53	43.00
35	5.83	19.29	35.20	5.45	19.36	34.87
38	5.18	16.35	30.49	4.78	16.57	30.47
40	4.75	14.95	28.76	4.54	15.87	28.41
42	4.51	13.56	26.94	4.14	13.99	26.03
44	4.08	12.23	25.09	3.51	12.24	23.10
46	3.66	11.17	22.43	3.15	11.31	20.67
48	3.13	10.08	19.66	2.75	10.43	19.24

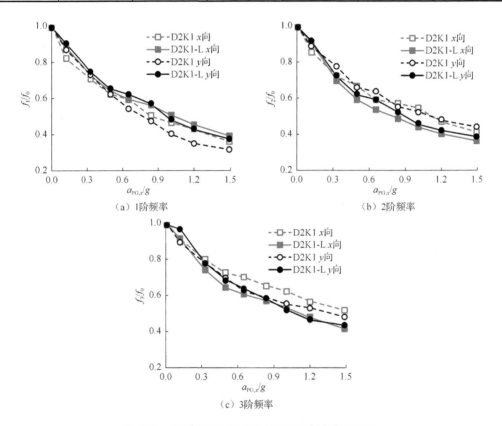

（a）1阶频率　　　　　　（b）2阶频率

（c）3阶频率

图 6.28　模型 D2K1 和模型 D2K1-L 频率变化趋势

由表 4.11、表 6.11 和图 6.28 可知以下结论。

（1）随地震强度增加，两模型水平向各阶频率持续下降。第 1 加载阶段后，模型在顺坡向、横坡向的 1 阶频率均降低 10%～20%，这与前述试验现象中模型已出现局部损伤是对应的。整个试验过程中，模型 D2K1-L 在顺坡向、横坡向 1 阶频率的下降程度始终小于模型 D2K1；自第 2 加载阶段及以后，两方向 2 阶频率及顺坡向 3 阶频率下降幅度大于模型 D2K1，横坡向 3 阶频率下降程度在第 5 阶段即 a_{PGx}=0.84g 时与模型 D2K1 相差不大，之后大于模型 D2K1。a_{PGx}=1.49g 的地震作用后，模型 D2K1-L 在顺坡向、横坡向 1 阶频率相对于震前下降 60.8%和 62.3%，而模型 D2K1 分别下降 63.5%和 68.2%，水平接地构件的设置可一定程度减小模型在较强地震作用下的损伤。

（2）整个试验过程中，模型 D2K1-L 在顺坡向、横坡向 1 阶频率的下降程度相对于模型 D2K1 更为接近，表明模型 D2K1-L 两方向的刚度降低程度接近，损伤累积相对更为均匀。两模型均为加载前期顺坡向 1 阶频率降低程度较大。一定地震强度后，横坡向 1 阶频率降低程度更大些，表明两模型均为前期顺坡向损伤相对较重。一定地震强度后，横坡向的损伤加剧，该地震强度在模型 D2K1 和模型 D2K1-L 中分别为 0.50g 和 0.84g。

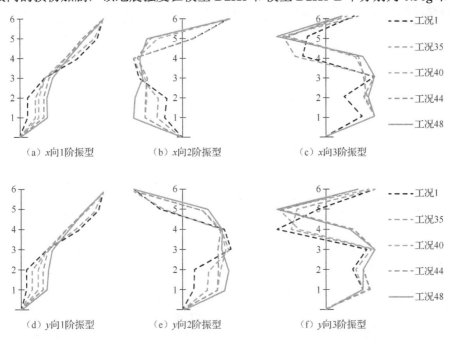

图 6.29　设置水平接地构件的模型 D2K1-L 前 3 阶振型曲线

不同试验加载阶段前后，模型 D2K1-L 实测得到的振型曲线如图 6.29 所示。将其与图 4.12 中模型 D2K1 振型位移曲线对比可知以下结论。

（1）地震波加载前，设置水平接地构件对模型顺坡向和横坡向的前 3 阶振型曲线影响均较大。在 2 层顶设置水平接地构件，模型 D2K1-L 在两方向的前 2 阶振型在 1 层、2 层振型位移均较小。1 阶振型曲线不再呈模型 D2K1 中的剪切型，2 阶振型的外凸位置在 3～4 层，3 阶振型曲线在 2 层有显著凹进，且振型节点相对模型 D2K1 均向上移动。

（2）随地震强度增加，振型曲线发生显著变化。两模型 1 阶振型曲线均在下部外鼓，但模型 D2K1-L 的 1 阶振型曲线在 3 层的外鼓程度远小于模型 D2K1。两模型 2 阶振型外凸位置均有向下转移现象，但模型 D2K1-L 上部振型节点显著上移，最终呈现出 1～5 层均显著外凸的情况。模型 D2K1-L 的 3 阶振型曲线在 2 层的凹进程度减轻，除模型

D2K1 的顺坡向振型曲线下部外凸不变外，两模型均表现为下部外凸程度增加，同时振型节点上移。

2. 加速度响应

以天然波 2 三向加载系列工况为研究对象，研究设置水平接地构件对结构加速度响应及其随地震强度增加的变化趋势的影响。图 6.30 给出了该系列工况下模型 D2K1-L 在掉层侧即测点 P_2 处的加速度放大系数。由图 6.30 可知，模型 D2K1-L 在两方向的加速度放大系数沿楼层的分布情况及其随地震动增强的变化趋势较为接近。结合图 6.31 可知，1 层加速度放大系数随地震强度增加由 1.19～1.39 逐渐增大至 2.29～2.45，2 层加速度放大系数始终在 1 附近，3～6 层加速度放大系数沿楼层增高逐渐增大，且随地震强度增加呈逐渐减小趋势。

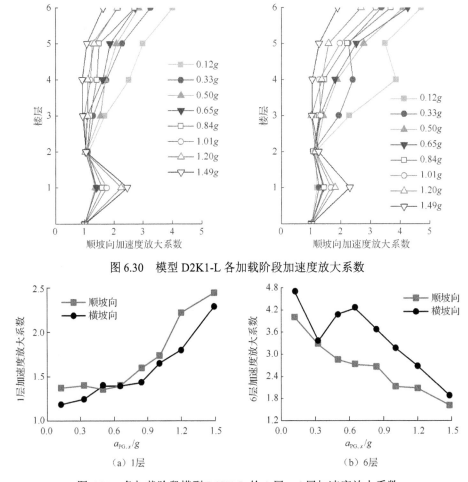

图 6.30 模型 D2K1-L 各加载阶段加速度放大系数

（a）1层

（b）6层

图 6.31 各加载阶段模型 D2K1-L 的 1 层、6 层加速度放大系数

将图 6.30 与图 4.17 中模型 D2K1 加速度放大系数情况进行比较，可知模型 D2K1 中 2 层加速度放大系数明显大于 1，模型 D2K1-L 中水平接地构件的设置在顺坡向和横

坡向均极大程度地限制了所在楼层的动力响应，彻底改变了掉层 RC 框架结构在地震作用下的响应情况。模型 D2K1-L 的掉层部分 1 层加速度放大系数随地震强度增加而增大，2 层基本不变，而模型 D2K1 掉层部分加速度放大系数随地震强度增加呈减小趋势。两模型 3～6 层加速度放大系数均随地震强度增加而减小，但模型 D2K1 的 3 层加速度放大系数在顺坡向相对 2 层显著减小，模型 D2K1-L 中不存在此情况。

3. 位移响应

模型 D2K1-L 部分楼层对角测点不同地震强度下的层位移如图 6.32 所示，可知在加载过程中，该模型顺坡向两侧变形相近。在横坡向，$a_{PG,x} \leqslant 0.84g$ 时，两侧变形相近，之后变形差异逐渐增大，整体来说两侧变形差异不大。

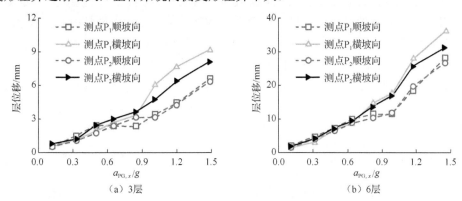

图 6.32　各加载阶段模型 D2K1-L 同层不同测点层位移

图 6.33 给出了模型 D2K1-L 在天然波 2 三向加载工况时的层位移。

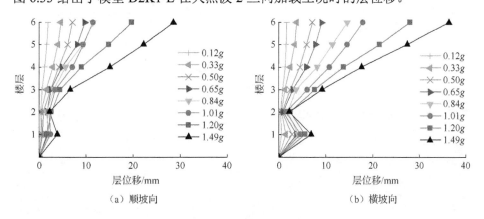

图 6.33　各加载阶段模型 D2K1-L 层位移

结合图 4.21 中模型 D2K1 的结果可知以下结论。

（1）随 a_{PGx} 增大，两模型在顺、横坡向的变形均不断增大，模型 D2K1-L 在两方向变形始终小于模型 D2K1，且未发生随 a_{PGx} 增加变形显著增大的现象，最终变形仅约为模型 D2K1 的 1/2。

（2）两模型变形规律存在显著差异，受水平接地构件的影响，模型 D2K1-L 掉层部分的变形始终较小。1 层变形随 $a_{\mathrm{PG}x}$ 增加略有增大，2 层变形受限显著，3～6 层变形沿楼层增加程度相对掉层部分显著，整体变形在 2 层存在明显凹进。模型 D2K1 的变形则基本为沿楼层增加逐渐增大。

模型 D2K1-L 和模型 D2K1 沿顺坡向和横坡向的顶点位移随地震强度的变化趋势如图 6.34（a）所示，其中在横坡向分别给出两个测点的最大相对位移。由图 6.34 可知，模型各位移均随地震强度增加而增大，两模型的最大变形均发生在横坡向。在顺坡向，$a_{\mathrm{PG}x} \leqslant 0.65g$ 时，两模型顶点位移基本相等，之后模型 D2K1 的位移随 $a_{\mathrm{PG}x}$ 增加的趋势更大些，模型 D2K1 在该方向最终变形大于模型 D2K1-L。在横坡向，模型 D2K1 在掉层侧的位移始终大于上接地侧，且该位移差异随 $a_{\mathrm{PG}x}$ 增加而增大。模型 D2K1-L 两侧变形始终相差不大，且其值在模型 D2K1 横坡向的两侧变形之间。水平接地构件的设置在地震强度较大时有效控制了结构顺坡向变形的增加趋势，在横坡向则减小了模型两侧的变形差异，大幅降低了结构的扭转，同时减小了结构该方向的最大变形。

将模型 D2K1-L 的顶点位移与模型 F4 比较，其结果如图 6.34（b）所示，可知模型 D2K1-L 的变形更接近模型 F4，多数工况中，模型 D2K1-L 的变形是大于模型 F4 的。

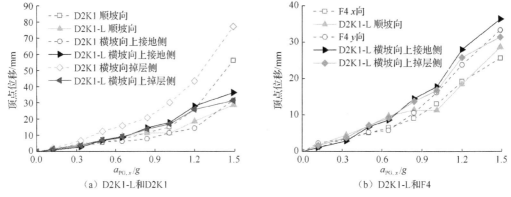

（a）D2K1-L 和 D2K1　　　　　　（b）D2K1-L 和 F4

图 6.34　模型顶点位移与地震强度关系

各加载阶段模型 D2K1-L 的层间位移角如图 6.35 所示。模型 D2K1-L、模型 D2K1 和模型 F4 层间位移角的最大值如图 6.36 所示。

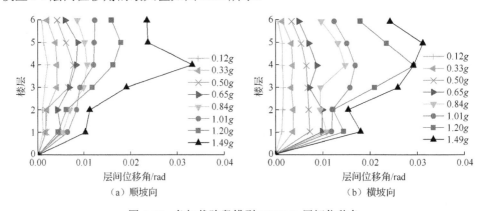

（a）顺坡向　　　　　　　　　　（b）横坡向

图 6.35　各加载阶段模型 D2K1-L 层间位移角

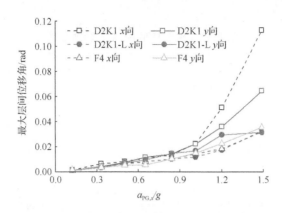

图 6.36　模型最大层间位移角与地震强度关系

综合图 6.35、图 6.36 及图 4.25 中模型 D2K1 的层间位移角结果可知以下结论。

（1）在顺坡向，模型 D2K1 的最大层间位移角始终在 3 层即上接地层。$a_{PGx} \geqslant 1.01g$ 时，掉层部分的层间位移角急剧增大，对应阶段掉层部分损伤严重；而模型 D2K1-L 的最大层间位移角在 $a_{PGx} \leqslant 0.50g$ 时出现在 4 层，之后的部分加载工况中，其位置向上层移动。$a_{PGx}=1.49g$ 时，最大层间位移角在 4 层，掉层部分的层间位移角虽有所增加，但始终处于较低值。3 层的层间位移角相对 2 层有明显增加。

（2）在横坡向，加载前期两模型的最大层间位移角位置有所变化。模型 D2K1 的最大层间位移角主要在 2 层或 4 层出现，之后模型 D2K1 的层间位移角在 2 层随 a_{PGx} 的增加增大显著，1 层、3 层次之，最终在 2 层出现最大层间位移角；模型 D2K1-L 的最大层间位移角在加载前期主要在 1~3 层，掉层部分在该方向上层间位移角随 a_{PGx} 增加而增大的趋势大于顺坡向；但自 $a_{PGx}=0.84g$ 起，该方向上上部结构的层间位移角显著增大，最终在 5 层出现最大层间位移角。

（3）模型的最大层间位移角均随 a_{PGx} 增加而增大，但在各加载阶段沿楼层的变化趋势差异较大，且最终模型 D2K1 在两方向的最大层间位移角均远大于模型 D2K1-L。在顺坡向，模型 D2K1-L 的最大层间位移角与模型 F4 较接近。在横坡向，除 $a_{PGx}=1.49g$ 加载工况外，模型 D2K1-L 的最大层间位移角大于模型 F4。

4. 扭转反应

模型 D2K1-L 各地震强度时的最大层扭转角及最大层间扭转角信息见表 6.12，模型 D2K1-L 的层间扭转角沿楼层分布情况如图 6.37 所示。结合模型 D2K1 的扭转反应结果，对比可知以下结论。

（1）模型最大层扭转角及最大层间扭转角随地震强度增加均呈增大趋势，模型 D2K1 的最大层扭转角及最大层间扭转角始终大于模型 D2K1-L，且其增加幅度远大于模型 D2K1-L。模型 D2K1-L 整体扭转程度远小于模型 D2K1，设置水平接地构件对结构整体的扭转效应存在显著的减弱效果。

表 6.12　模型 D2K1-L 层扭转角信息

地震强度	最大层扭转角/rad	最大层扭转角所在楼层	最大层间扭转角/rad	最大层间扭转角所在楼层
0.12g	1.82×10^{-3}	6	0.99×10^{-3}	3
0.33g	2.77×10^{-3}	5	1.80×10^{-3}	3
0.50g	2.67×10^{-3}	1	2.67×10^{-3}	1
0.65g	3.27×10^{-3}	1	5.35×10^{-3}	2
0.84g	4.06×10^{-3}	4	3.62×10^{-3}	1
1.01g	5.37×10^{-3}	3	5.37×10^{-3}	3
1.20g	6.45×10^{-3}	6	6.23×10^{-3}	3
1.49g	9.10×10^{-3}	6	8.12×10^{-3}	3

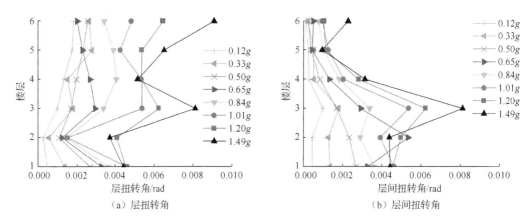

（a）层扭转角　　　　　　（b）层间扭转角

图 6.37　各加载阶段模型 D2K1-L 层扭转角和层间扭转角

（2）最大层间扭转角出现的位置存在差异，模型 D2K1 的最大层扭转角始终在结构顶部，而模型 D2K1-L 最大层扭转角在不同工况中出现的位置变化较大，且层扭转角并不总是沿楼层逐渐增大，这是由于设置水平接地构件后模型受力情况复杂，结构各层扭转方向不一致，且结构整体扭转效应不大，数据采集及处理误差对其影响相对大些。模型 D2K1-L 的最大层间扭转角在个别工况出现在 1 层或 2 层，最终两模型最大层间位移角均在 3 层。较强地震作用下，模型 D2K1-L 掉层部分的层间扭转角得到限制。

通过模型 D2K1、模型 D2K1-L 及模型 F4 的振动台试验数据结果的对比分析，可知水平接地构件的设置将对结构的动力特性和地震破坏机理产生显著影响。水平接地构件的设置大大限制了相应楼层的动力响应和整体结构的扭转反应，彻底改变了掉层 RC 框架结构在地震作用下力的传递情况。结构受力情况更为复杂，结构的变形反应显著减小，其顶点位移和最大层间位移角均与模型 F4 更为接近；掉层部分的层间位移角无显著增大，结构破坏在上部楼层的分布相对均匀，且在上接地柱的端部未发生破坏集中。

综上所述，水平接地构件的设置改变了掉层 RC 框架结构的传力路径，地震作用可以通过该构件在结构和地基间传递。保证水平接地构件具有足够的轴向刚度时，掉层部分顶层的侧向变形将被有效限制，掉层部分的内力和变形均较小。对上接地层的掉层侧柱，柱底的微小平动和转角依然影响其侧向刚度，上接地层的上接地柱与非接地柱的刚度分布虽仍有不均匀，但其不均匀程度较未设置水平接地构件的掉层框架已明显减弱，结构的偏心程度大幅降低，扭转反应减小。相对于未设置水平接地构件的掉层 RC 框架结构，设置水平接地构件时，掉层框架结构上接地层的接地柱与非接地柱的破坏差异减小，破坏通常并不会在上接地柱集中，即使水平接地构件端部开裂，掉层部分的变形和破坏程度均能有效控制，结构始终以上部结构的破坏为主，表现出完全不同于未设置水平接地构件的掉层 RC 框架结构的破坏特征。

6.5　小　　结

本章分析了设置水平接地构件对山地掉层结构变形及受力、地震破坏的影响，并进行了拟静力试验和振动台实验，主要得到以下结论。

（1）可仅在掉层部分的顶层设置水平接地构件，没有必要在掉层部分的低楼层设置。

（2）水平接地构件的设置将对掉层结构的动力特性和地震破坏机理产生显著影响。水平接地构件的设置大大限制了相应楼层的动力响应和整体结构的扭转反应，彻底改变了掉层 RC 框架结构在地震作用下力的传递；结构的变形反应显著减小，掉层部分的层间位移角无显著增大。

（3）设置水平接地构件后，结构破坏在上部楼层的分布相对均匀；结构最终表现为上部结构的整体破坏，且在上接地柱的端部发生破坏集中，掉层部分破坏轻微，水平接地构件的设置从根本上改变了掉层 RC 框架结构的破坏机制。

第7章　掉层刚度加强的山地掉层框架结构地震响应分析

掉层框架结构中，由于柱脚的连接方式不同，上接地层的接地柱和非接地柱刚度分布非常不均匀，上接地柱刚度较大，承担的地震剪力远远大于非接地柱。在很多情况下，上接地柱都会率先发生破坏，且柱脚和柱顶破坏严重，使得掉层结构发生上接地柱率先破坏且破坏严重的"半层破坏模式"。这种"半层破坏模式"是不利于结构抗震性能的，所以应该采取措施来平衡上接地层各竖向构件承担地震剪力的能力。本章主要研究掉层刚度加强对山地掉层钢筋混凝土框架结构地震响应的影响。

7.1　掉层刚度加强的方法与措施

加强掉层部分的刚度，一方面可一定程度控制掉层部分的位移，增强上接地层非接地构件的底部约束程度，进而增加上接地层内竖向构件侧向刚度的均匀性。另一方面，掉层部分刚度的加强将减小结构掉层侧与上接地侧的刚度差异，从而降低结构的扭转程度。

由第 5 章的分析可知，仅调整掉层部分抗侧力构件的截面尺寸以加强掉层刚度时，代价较大，且对结构地震响应的影响程度有限。因此，通常采用设置钢支撑或增设剪力墙的方式，以大幅增加掉层部分的刚度。考虑到不同措施对结构地震响应影响机制的相似性，以及钢支撑布置的特殊性，本章将以设置钢支撑的措施为例进行研究。

7.2　顺坡向设置支撑的数值模拟研究

7.2.1　支撑设置原则及设置方案

合理的支撑布置可以增加掉层结构整体的刚度，同时能够有效平衡上接地层左右柱的刚度，从而达到相对均匀承担地震剪力的效果，使得竖向构件在支撑的协同作用下，均衡参与抵抗地震作用，有利于提高结构整体抗震性能，延缓并减轻上接地柱的破坏，将掉层结构所承受的内力分担给更多的构件，以避免发生"半层破坏模式"。

在实际的工程中，当在一个跨度内按对角布置支撑时，支撑的长度很长，同时考虑到支撑的作用是均衡刚度分配和协调变形，而并非参与结构耗能，那么钢支撑要具有足够强度，保证不会过早发生屈曲，所以首先要考虑的就是支撑的强度和稳定性问题，以避免在地震作用时支撑率先发生屈曲而破坏。对于工字形截面和 L 形截面，这两种截面形式在两个方向上的回转半径不相等，使得两个方向上支撑的长细比不同，保持稳定的能力存在差异。根据规范要求的长细比限值，工字形截面和角钢截面在弱轴方向的长细比不能满足该方向上的稳定性要求，且支撑设计时截面需要很大才能满足强度及刚度的需求。因此，考虑采用无弱轴的方钢管截面或圆形截面。由于方钢管结构受扭刚度大，受弯时无弱轴，承载能力高，外形规则，连接节点构造相对简单，便于制作与施工，因此钢支撑截面选用方钢管截面。

在掉层框架中进行支撑布置时，建议遵循以下布置原则。

（1）掉层框架结构的薄弱层位于上接地层，该楼层内各柱刚度不均匀，上接地柱刚度大，分担更多地震剪力。所以钢支撑应该布置在接地柱和非接地柱之间的跨内，来平衡两边刚度，使得上接地层柱之间协同工作，避免掉层结构在上接地层发生"半层破坏模式"。

（2）掉层框架结构具有至少两个不等高接地端，使得结构的刚心和质心不能完全重合，所以掉层框架结构上部楼层往往会发生较为明显的扭转效应。因此，布置支撑时应该尽量布置在上接地层，增强上接地层层间刚度，使得掉层框架结构上部楼层接近于平地结构，减轻上部楼层的扭转效应。

（3）掉层框架结构中掉层部分分担的地震作用不大，其层间侧移及各构件内力均较小，掉层部分并不是整个框架的薄弱部位，掉层部分增设层内支撑对掉层部分的顺坡向响应影响不大。

（4）掉层框架结构中，上接地层层内刚度大，增设支撑时应选择合理的支撑截面，来匹配上接地层层内刚度，使得支撑刚度与层内刚度的刚度比在合理取值范围内，保证上接地柱能够充分参与抵抗地震作用又不会发生严重破坏。

7.2.2　分析模型

掉层结构框架原型的设计信息为抗震设防烈度为 8 度（0.2g），场地类别为 II 类，设计地震分组为第一组，总层数为 8 层，顺坡向 3 跨，横坡向 4 跨，掉 2 层 1 跨的模型。各层层高均为 3000mm，跨度均为 6000mm，上接地柱截面尺寸为 600mm×600mm，其他各柱的截面尺寸为 500mm×500mm，梁截面尺寸均为 250mm×500mm，楼板厚度取 120mm。框架梁上墙恒荷载取 8kN/m，屋顶女儿墙荷载取 2.88kN/m，楼面附加恒荷载取 2kN/m^2，楼面活荷载为 1.5kN/m^2，屋面附加恒荷载取 1.5kN/m^2，不上人屋面活荷载为 0.5kN/m^2。混凝土强度等级为 C30，纵筋和箍筋均采用 HRB400，框架抗震等级为二级。掉层框架的平面布置图和正立面图如图 7.1 所示。

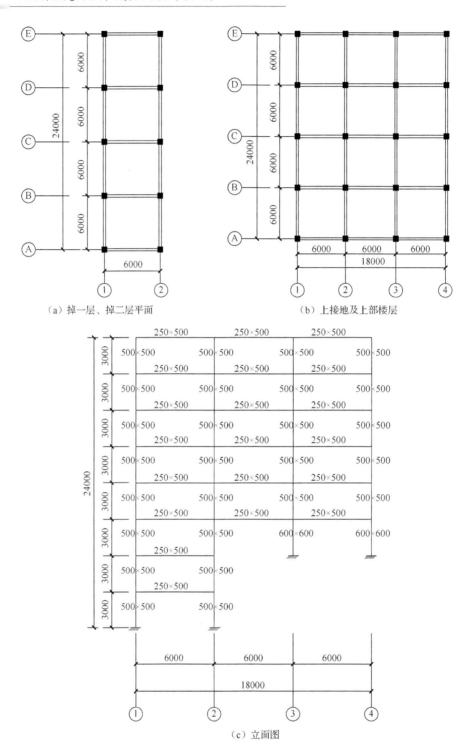

（a）掉一层、掉二层平面 （b）上接地及上部楼层

（c）立面图

图 7.1 掉层框架尺寸（尺寸单位：mm）

如图 7.2 所示，M1～M6 分别为水平支撑形式 M1 和水平支撑+斜支撑形式 M2～M6，M0 为未布置支撑的掉层框架结构对比模型。

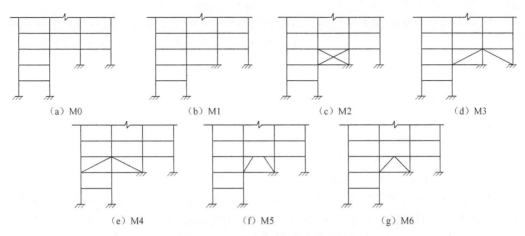

（a）M0　　　　　（b）M1　　　　　（c）M2　　　　　（d）M3

（e）M4　　　　　（f）M5　　　　　（g）M6

图 7.2　支撑布置形式及对比模型

　　为了对支撑和框架分担地震剪力的比例进行合理设计，本节引入斜向支撑和上接地层柱的侧向刚度比 K，用以反映两者之间的匹配程度，即

$$K=K_{\mathrm{B}}/K_{\mathrm{C}} \tag{7.1}$$

式中，K_{C} 为上接地层柱的侧向刚度之和；K_{B} 为支撑的侧向刚度。

　　柱的刚度采用考虑了梁柱线刚度、楼层层高及框架总层数的 D 值法进行计算，如式（7.2）和式（7.3）所示。

$$D_i = \alpha \frac{12i_{\mathrm{c}}}{h^2} \tag{7.2}$$

$$K_{\mathrm{C}} = \sum_1^n D_i \tag{7.3}$$

式中，α 为梁柱线刚度相关的修正系数；h 为上下层层高；i_{c} 为柱的线刚度。

　　支撑刚度采用抗压刚度进行计算，假设支撑所在框架在发生微小侧移的过程中，支撑与水平方向的夹角维持不变，即为 θ，如图 7.3 所示，分别为单支撑和双支撑在微小侧移下的示意图。则支撑的抗侧刚度计算如式（7.4）所示。

$$K_{\mathrm{B}} = EA\sin\theta\cos^2\frac{\theta}{h} \tag{7.4}$$

式中，E 为支撑材料的弹性模量；A 为支撑截面的面积；θ 为支撑与水平方向夹角；h 为支撑所在层层高。

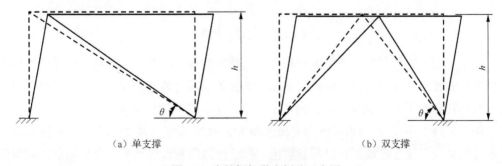

（a）单支撑　　　　　　　　　　　　　　（b）双支撑

图 7.3　支撑框架微小侧移示意图

　　当完成掉层框架的初步设计后，各柱的截面尺寸已经确定，则上接地层柱的抗侧刚度 K_C 为固定值，由式（7.1）和式（7.4）可知，刚度比 K 的变化与所布置的支撑形式和截面面积相关。

7.2.3　影响规律

1. 刚度比 K

　　按照前文提出的斜向支撑布置形式进行支撑设计，分别取刚度比为 2、3、4、5、6、7 和 8，计算出模型支撑的截面面积，选择合理的方钢管截面。

　　对不同刚度比的模型算例进行分析。图 7.4 为不同支撑布置模型随着刚度比的增大顺坡向周期的变化情况。刚度比 $K=0$ 时，对应水平支撑掉层结构模型，增设斜向支撑模型 M2～M6 随着刚度比的增加，结构周期均有不同程度的下降，说明在上接地层布置斜向支撑后，结构整体的刚度有所提升，但是在刚度比由 2 增加到 8 的过程中，周期变化较小，说明仅增大斜向支撑的尺寸对于结构刚度的提高有限。其中，梯形支撑模型 M5 周期下降幅度最小，其他支撑布置形式周期变化曲线趋于重合，周期大小基本相等，这是因为支撑是根据刚度原则来设计的。梯形布置支撑时，支撑与水平方向的夹角最小，当刚度比相等时，其分配到水平方向上的作用也就小于其他模型。而其他模型基于支撑刚度设计时，对于上接地层刚度的影响基本相等，所以各模型在相同刚度比时周期差异不大。

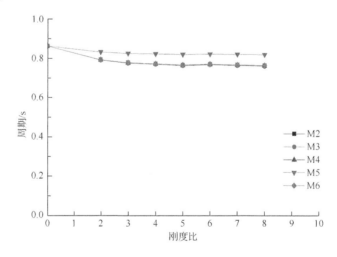

图 7.4　模型周期变化情况

　　图 7.5（a）为掉层框架模型 M0 和水平支撑模型 M1 的层间位移角，在掉层结构的掉层部分布置水平支撑后，上接地层和掉层部分的层间位移角会明显减小，上部楼层的层间位移角基本不变，位移角最大的楼层位于第 4 层且上接地层侧移较大。

　　图 7.5（b）～（f）为增设斜向支撑模型 M2～M6 刚度比从 2 增大到 8 时层间位移角的变化情况。综合各模型可以明显看出，在上接地层布置支撑后，上接地层的层间位

移角显著下降，且最大层间位移角楼层向上一层转移，说明支撑增强了所在层及相邻层抵抗侧移的能力。随着刚度比的增大，上接地层和第 4 层的层间位移角有所减小，掉层部分和第 5 层及以上楼层层间位移角基本不变。当刚度比增大到 $K=4$ 时，结构的层间位移角趋于稳定，即随着刚度比继续增大，层间位移角的改变不明显。从层间位移角来看，刚度比接近于 4 时，支撑对整体结构刚度的提高与所增加的地震作用，接近达到均衡。所以，$K=4$ 可近似看作较为合理的支撑刚度比设计的选择。

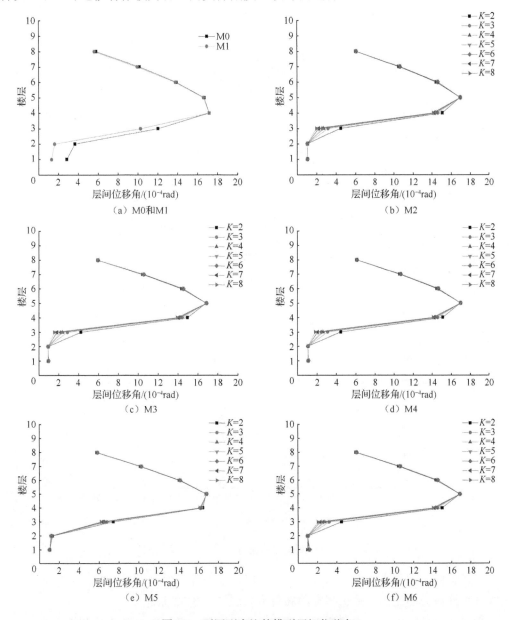

图 7.5　不同刚度比的模型层间位移角

图 7.6 为不同刚度比的模型楼层总剪力变化图。布置水平支撑后，上接地层和掉层部分楼层剪力明显减小，基底剪力由 2151.8kN 下降到 2046kN，下降了 5%左右，上部楼层剪力基本相等。增设斜向支撑后，各模型楼层剪力变化趋势和水平支撑模型基本一致，因此只展示模型 M2 的结果。增设斜向支撑对楼层剪力的改变不大。同时，曲线的负斜率越来越小，说明楼层层间剪力从顶层往下越来越小。随着刚度比增大，各模型中曲线趋于完全重合，说明刚度比的改变不会对楼层剪力的分布产生较大影响。

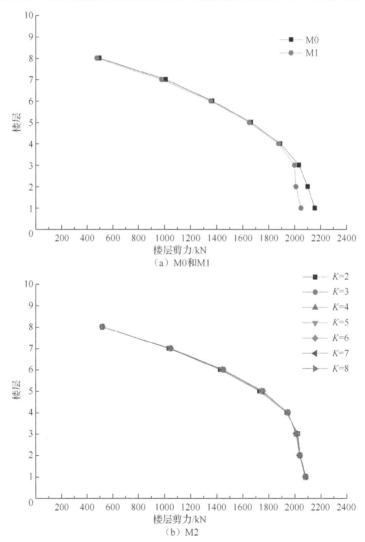

图 7.6   不同刚度比的模型楼层总剪力变化图

增设斜向支撑和水平支撑后，对上接地层各柱的内力影响如何，以及层间支撑和竖向柱分担地震力的比例，是选择支撑布置方式应该考虑的前提。

为了研究各刚度比下支撑模型的性能，定义上接地层柱剪力的不均匀系数为

$$\gamma = \sqrt{\sum (V_i - \overline{V})^2} \qquad (7.5)$$

式中，V_i 为上接地层各柱的剪力值；$\overline{V}$ 为上接地层各柱剪力值的平均值。

上接地层柱剪力不均匀系数 γ 的定义借用了概率统计中标准差的概念，标准差是概率统计中最常使用的作为统计分布程度上的测量依据，它反映了一组数据个体间的离散程度。柱剪力不均匀系数 γ 反映了上接地层各柱承担地震剪力的差异化程度，其值越小说明各柱之间分配的剪力越趋于均匀，各柱之间协同工作能力越显著，所以柱剪力不均匀系数可以作为在掉层框架结构上接地层布置支撑对上接地层柱剪力分配均匀性的重要评价指标。

通过对各模型不同刚度比的算例进行分析，5 种支撑布置的掉层结构上接地层柱剪力不均匀系数随刚度比变化规律如图 7.7 所示。

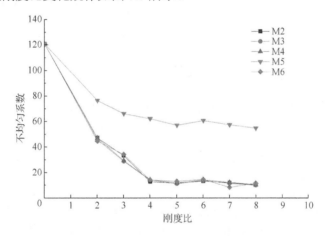

图 7.7 上接地层柱剪力不均匀系数随刚度比变化规律

各支撑模型随着刚度比的增大，柱的不均匀系数明显减小，说明布置支撑后各柱之间分配的剪力趋于均匀。模型 M5 的不均匀系数明显大于其他模型，说明梯形支撑布置对上接地层柱之间剪力分配改变不如其他模型显著，这是因为梯形布置时，单根支撑仅对与各自相连的柱所在边起作用，支撑上部与梁相连，因未形成整体而不能共同协同工作。另 4 种模型的变化趋势极其相似，在刚度比 $K=4$ 时，不均匀系数值下降幅度达 90% 左右，随着刚度比的增大，不均匀系数基本不再发生较大改变。这说明当支撑刚度达到一定值后，再通过改变支撑截面提高刚度，对上接地层柱之间的剪力分配比例影响不大。

图 7.8 为上接地层柱承担的剪力之和占该层竖向构件承担的总剪力的占比。从图 7.8 中可知，在掉层框架中布置支撑后，上接地层柱承担的剪力比例均会下降，说明支撑分担了上接地层柱承担的地震剪力。模型 M5 随着刚度比的增大，柱剪力占比呈下降趋势，最终下降到 60% 左右，说明该模型中上接地柱仍承担较大地震剪力，且远高于其他模型。其他模型随着刚度比增大，柱剪力占比下降明显，但随着刚度比的持续增加，下降趋势

减缓。当刚度比 $K=4$ 时，柱剪力占比下降到 50%以下，说明此时层内剪力大部分由钢支撑承担。其余模型剪力占比的差异不大，其中模型 M6 在各刚度比中柱剪力占比略大。

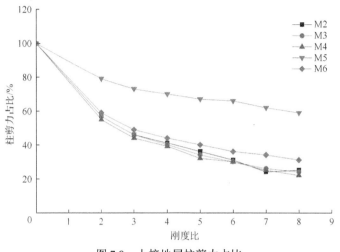

图 7.8　上接地层柱剪力占比

考虑地震作用中，柱剪力占比并非越小越好，若以柱剪力占比为 50%考虑，则各支撑模型选取刚度比为 $K=4$ 较为合理。结合刚度改变对上接地层柱之间剪力分配均匀程度的影响，刚度比 $K=4$ 是较优的选择。

2. 支撑布置方案

选择刚度比 $K=4$ 对应的支撑截面，对掉层结构模型 M0，水平支撑掉层结构模型 M1 以及增设斜向支撑掉层结构模型 M2～M6 进行弹性分析。结果显示，各模型的振型分布类似，但周期存在差异，7 种模型的前 3 阶周期见表 7.1。

表 7.1　模型 M0～M6 的周期

模型	M0	M1	M2	M3	M4	M5	M6
T_x/s	0.876	0.866	0.775	0.772	0.774	0.821	0.775
T_y/s	0.901	0.891	0.866	0.866	0.866	0.873	0.866
T_z/s	0.799	0.794	0.721	0.719	0.719	0.765	0.722

由表 7.1 可见，与掉层结构模型 M0 和水平支撑掉层结构模型 M1 相比，增设斜向支撑掉层结构模型 M2～M6 在顺坡向 X 方向的周期明显减小，减小幅度达 10%左右。这是因为在顺坡向掉层框架跨度内增加支撑后，大幅增加了结构该方向的刚度，使得该方向周期减小明显。

增设支撑后，横坡向周期和扭转周期也有所减小，结构的整体刚度明显提升。不同的支撑布置形式对结构产生的影响程度不同，其中模型 M2、M3、M4 和 M6 周期较小，其支撑布置形式对提高结构的整体刚度效果明显。在掉层框架结构中，结构的扭转效应明显，顺坡向的振型中含有明显的扭转，添加支撑后，结构的扭转效应明显减轻。以顺坡向平动周期中含有的扭转成分定义为扭转系数来衡量结构的扭转效应，各模型的扭转系数见表 7.2。增设斜向支撑的掉层结构中基本没有扭转效应，说明增加顺坡向刚度可以大幅度降低结构的扭转。

表 7.2　模型 M0～M6 扭转系数

模型	M0	M1	M2	M3	M4	M5	M6
扭转系数	0.20	0.15	0.00	0.00	0.00	0.03	0.00

结构的侧向位移反映了结构在水平地震作用下各层的反应，图 7.9 和图 7.10 是采用振型分解反应谱法计算的各模型在水平地震作用下弹性阶段的位移响应。从图 7.9 可以看出，增设斜向支撑模型（M2～M6）各楼层侧向位移均小于无支撑的模型 M0 和水平支撑模型 M1，且对掉层部分和增设斜向支撑的上接地层减小的效果最为明显，说明在掉层结构中增设支撑能够有效地减小结构在弹性阶段的侧向位移，且优于水平支撑模型 M1，其中模型 M2、M3、M4 和 M6 的侧向位移最小且这 4 种斜向支撑布置形式结构侧向位移基本完全相等，即布置效果相对较好。

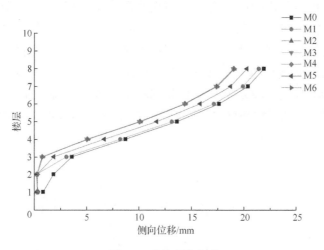

图 7.9　结构侧向位移

从图 7.10 可知，在掉层结构第 4 层及以下楼层，增设支撑各模型的层间位移角明显小于未加斜向支撑的模型，在第 4 层以上各支撑模型的层间位移角反而略大于未加斜向支撑模型，这说明在上接地层增设支撑仅能提高下部楼层刚度。各支撑模型 M2～M6 在增设支撑的上接地层，其层间位移角减小的幅度最大，并且结构的最大层间位移角由结构第 4 层转移到上层，说明在上接地层增设支撑能够提高结构的抗侧移能力，尤其是掉层部分和上接地层及其相邻楼层。同时，水平支撑模型 M1 下部楼层的层间位移角小于掉层结构模型但大于斜向支撑的模型，说明加上支撑能明显提高水平支撑模型下部楼层的刚度。从层间位移角来看，同样是模型 M2、M3、M4 和 M6 效果较好。

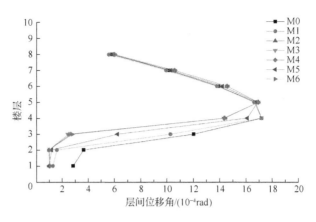

图 7.10　结构层间位移角

在掉层结构中，上接地层作为结构的薄弱层，与上接地层相关的梁和柱的内力都相对较大，往往引起上接地层构件先于其他构件破坏，并且破坏程度严重，尤为明显的是上接地柱处的破坏。在掉层结构的上接地层布置支撑，会改变各构件的内力分布，在一定程度上使得结构中各构件的内力分布更为均匀。采用振型分解反应谱法计算模型 M0～M6，由各模型构件内力可见，支撑对与结构上接地层相连的各构件影响很大，掉层结构掉层部分的各构件内力均很小，使得掉层部分基本不会发生破坏。下面以结构的上接地层柱和梁作为分析对象，对比不同斜向支撑布置形式下构件内力与掉层结构和水平支撑模型的区别，比选出较为合理的支撑布置形式。各关键构件的编号如图 7.11 所示。图 7.12 为各模型上接地层柱和梁剪力绝对值。图 7.13 为各模型上接地层端和梁端弯矩最大值。

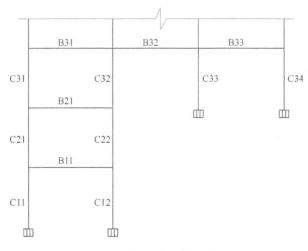

图 7.11　掉层结构构件编号

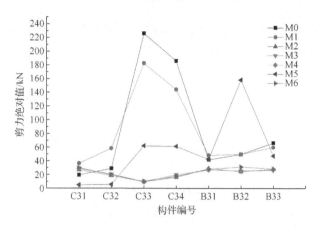

图 7.12　构件最大剪力绝对值

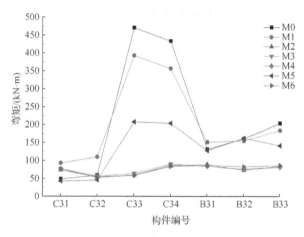

图 7.13　构件最大弯矩值

从图 7.12 可知，掉层结构中上接地柱（C33 和 C34）之所以先于非接地柱（C31 和 C32）破坏并且破坏严重，是因为上接地柱承担了上接地层 90%左右的地震剪力，使得非接地柱未完全参与到抵抗地震作用的工作中去，仅发挥了少许作用。水平支撑模型在一定程度上减少了上接地柱分担的地震剪力，上接地柱承担的层内剪力下降到 78%，但是上接地柱的剪力值仍高达 183.1kN，所以布置水平支撑时，上接地柱仍然是结构的薄弱部分。梯形支撑模型 M5 上接地柱剪力下降明显，但是和非接地柱仍未协同作用，且支撑上部的梁因为支撑作用被分为 3 段短梁。梁内最大剪力达 158.4kN，远大于掉层结构本身梁内剪力，需要重点设计。其他支撑模型柱内和梁内最大剪力均基本相等，且上接地层柱之间剪力分配均匀，说明各柱间协同工作性能良好，不会发生部分柱承担过大地震剪力而率先破坏或破坏严重的现象。

从图 7.13 可知，模型 M0 和 M1 上接地柱柱端最大弯矩远远大于非接地柱，且远远大于其他模型。各模型最大弯矩的变化规律与最大剪力绝对值的变化规律基本相同。以模型 M6 为例，其上接地柱最大剪力和最大弯矩分别为 17.4kN 和 83.6kN·m，与掉层结构相比分别降低了 91%和 82%，因为支撑承担了上接地层绝大部分的地震剪力，使得结构的破坏由上接地柱处发生了转移，避免了因为上接地柱率先破坏而使结构发生"半层破坏"的情形。同时，由于支撑的存在，协调了上接地层各柱之间的共同作用，使得各柱之间的剪力分配差异较小，同时参与抵抗地震作用的构件数量变多，结构的整体抗震性能提高。

结合各指标分析可知，增设支撑可以提高掉层结构的整体刚度，协调各构件之间共同作用，提高掉层框架结构的抗震性能。但是不同的斜向支撑布置形式对结构的影响不同。根据各指标对比可知，较为合理的模型是 M2、M3、M4 和 M6，4 种模型在弹性分析下性能差异不大，均可作为相对合理的支撑布置形式进行下一步研究。

7.3   设置支撑的拟静力试验研究

7.3.1   试验方案

试验的原型模型采用人字形+水平钢支撑模型。选择刚度比为 4、原型模型 M6 的下部 5 层为试件原型，即总跨数为 3 跨，总层数为 5 层，掉 2 层 1 跨的带支撑模型，如图 7.14 所示。

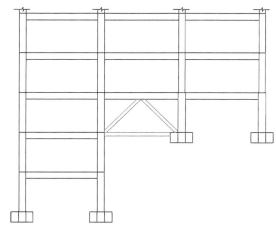

图 7.14   试件原型示意图

考虑到增设支撑掉层结构最大层间位移角位于上部楼层，因此选择了总层数 5 层，掉 2 层 1 跨的增设支撑模型为试验模型。利用千斤顶在模型顶部释放竖向力，以保证 5 层的子结构轴压比与原型中柱轴压比保持相等。在试验方案设计中，模型的材料选择、荷载计算、力值均根据相似理论计算得到，试件模型的尺寸和原型结构几何相似，缩尺比为 1∶4，模型中配筋面积根据强度等效原则确定，原型和模型的相似关系常数见表 7.3，缩尺模型尺寸如图 7.15 所示。

表 7.3　原型和模型的相似关系常数

物理量	弹性模量	长度	面积	质量	荷载	应力	应变	轴力	剪力	弯矩
原型	1	1	1	1	1	1	1	1	1	1
模型	1	1/4	1/16	1/16	1/16	1	1	1/16	1/16	1/64

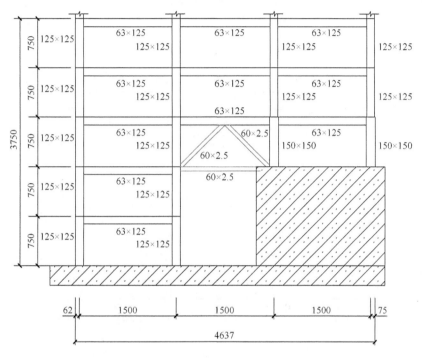

图 7.15　缩尺模型尺寸（尺寸单位：mm）

　　为考虑混凝土楼板对框架结构梁刚度的贡献，在 RC 掉层框架结构试验试件布置楼板，楼板宽度取 6 倍的楼板厚度加上柱宽，沿梁中线向两边布置。考虑到试件模型尺寸较小，在保证混凝土强度等级为 C30 的前提下，采用细石混凝土代替原型结构的普通混凝土，以便在进行施工时振捣充分，保证试件整体的浇筑质量。梁、柱纵向钢筋采用 HRB400 级，纵向钢筋的配筋面积采用强度等效原则，按照面积相似比例关系进行确定。梁、柱箍筋本应为直径为 4mm 的钢筋，采用相同直径的低碳钢丝来代替，并使用压肋装置在钢丝表面进行肋纹加工。梁、柱箍筋分别根据面积配箍率、体积配箍率相似的原则确定。考虑到施工的难易程度，梁、柱及板的混凝土保护层厚度取 6mm。试件梁柱纵向钢筋的需求面积和实配面积对比如图 7.16 所示。考虑到实际施工的影响，在配筋过程中考虑了钢筋归并。

　　图 7.16（a）中各数值含义为试件模型梁柱纵筋需要的配筋面积，其值由原型配筋面积通过面积相似常数求得。柱旁边的数值含义为柱单边纵筋需求面积，第 1 个数值表示顺坡向需求面积，第 2 个数值为横坡向需求面积。梁上部为梁纵筋需求面积，第 1 行 3 个数值分别为梁左支座、梁跨中及梁右支座截面上部需求的配筋面积，第 2 行为梁底部需求的配筋面积。

　　人字形钢支撑与柱脚和梁底之间采用铰支座进行连接，保证支撑在试验过程中只受到轴力作用。铰支座的具体尺寸如图 7.17（a）、（b）所示，满足试验过程中的强度要求。水平支撑直接焊接在预埋的钢板上，钢板上焊接 6 根直径为 8mm，长度为 100mm 的钢筋，保证钢板与混凝土柱和底座有效连接。人字形支撑和水平支撑连接件安装如图 7.17（c）、（d）所示。整体连接示意图和现场图如图 7.17（e）、（f）所示。

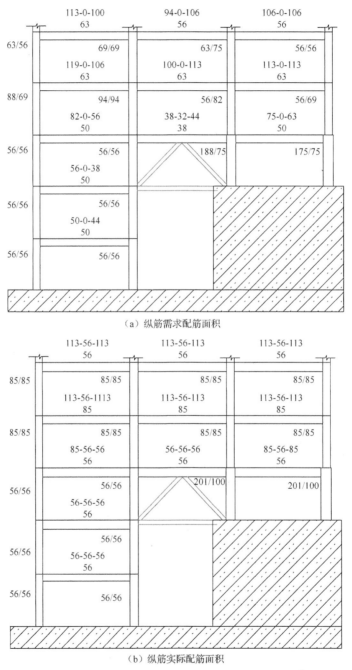

（a）纵筋需求配筋面积

（b）纵筋实际配筋面积

图 7.16　试件需求和实际配筋面积对比（单位：mm²）

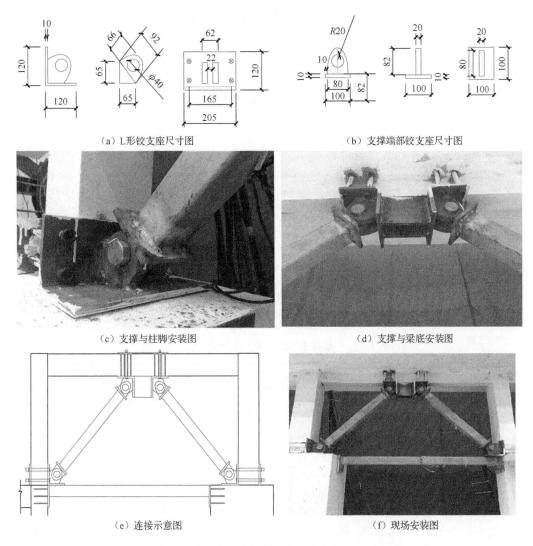

（a）L形铰支座尺寸图　　　　　　　　　　（b）支撑端部铰支座尺寸图

（c）支撑与柱脚安装图　　　　　　　　　　（d）支撑与梁底安装图

（e）连接示意图　　　　　　　　　　（f）现场安装图

图 7.17　人字形和水平支撑连接件示意和安装图（尺寸单位：mm）

按照《混凝土物理力学性能试验方法标准》（GB/T 50081—2019）[66]的规定，以 150mm×150mm×300mm 的棱柱体试块作为混凝土轴心抗压强度试验的标准试件。混凝土轴心抗压强度平均值取为 $f_{cm}=0.76f_{cu,m}$，其中 $f_{cu,m}$ 为混凝土立方体抗压强度平均值；混凝土轴心抗拉强度平均值取为 $f_{tm}=0.395f_{cu,m}^{0.55}$。对预留的混凝土试块和钢筋进行材料性能试验，得出试验中混凝土试块的实测力学性能见表 7.4。

表 7.4　混凝土试块的实测力学性能

强度等级	楼层	试块抗压强度平均值 $f_{cu,m}$/MPa	轴心抗压强度平均值 f_{cm}/MPa	轴心抗拉强度平均值 f_{tm}/MPa	弹性模量 E_c/MPa
C30	1	29.7	22.6	2.19	
	2	28.4	21.6	2.14	
	3	26.1	19.8	2.10	
	4	34.9	26.5	2.40	
	5	36.0	27.4	2.44	29565
平均值		31.0	23.6	2.25	29565

　　试验中的钢筋均为热轧钢筋,按照《金属材料 拉伸试验 第 1 部分:室温试验方法》(GB/T 228.1—2021)[67]的相关条文要求进行材性试验,试件制作中用了直径分别为 4mm、6mm 和 8mm 的钢筋,厚度为 2.5mm 的钢板,即一共 4 组钢筋和钢板的拉伸试验,每组含 3 个标准试件,其力学性能见表 7.5。

表 7.5　钢筋的力学性能

钢筋/钢板等级	(直径/厚度)/mm	屈服强度 f_y/MPa	极限强度 f_u/MPa	弹性模量 E_s/GPa	屈服应变/10^{-6}
HRB400	4	424	452	195	3674
HRB400	6	513	618	179	3077
HRB400	8	466	626	223	3621
Q235	2.5	431	515	217	2905

　　试验加载装置如图 7.18 所示。在试件顶层的 4 根柱柱顶施加竖向荷载,保证各柱的轴压比为恒定值。为了减小竖向传感器的数量,采用分配梁进行加载。在试件顶层楼层标高处,利用水平作动器施加水平推拉力,在该处楼层板底的梁两侧,通过两根 5m 长的水平加载拉力杆来传递水平推拉力,拉力杆通过钢板与试件两端预留的钢板焊接相连。

　　为了方便对后续试验进行描述,规定推向加载为正,拉向加载为负。试验的加载制度按照方向可以分为两个部分:竖向荷载加载和水平荷载加载。

　　竖向加载共分为两个阶段,分别为竖向预加载和正式加载。预加载目标压力值取竖向设计压力值的 30%,分四级施加。预加载阶段加载到每一级时均保持压力值 3min 恒定不变,对信号采集通道、设备装置进行检查,确认各项仪器是否正常工作,同时查看试件是否发生较大的侧向变形。检查完毕后,再卸载至零准备进行正式加载。正式加载阶段,竖向荷载也分四级加载至单个千斤顶目标压力值。

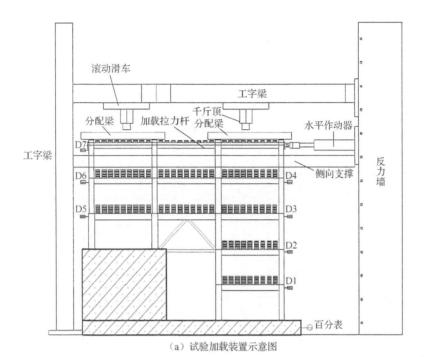

（a）试验加载装置示意图

（b）试验加载装置现场图

图 7.18　试验加载装置

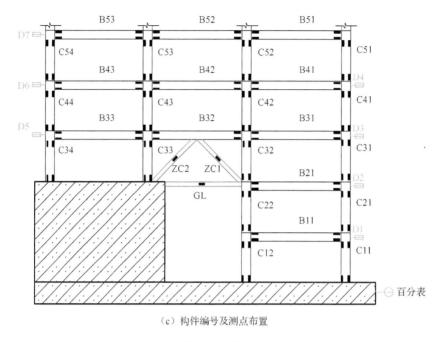

（c）构件编号及测点布置

图 7.18（续）

按照《建筑抗震试验规程》（JGJ/T 101—2015），拟静力试验的加载程序宜采用荷载-变形双控制的方法。因为掉层框架的屈服点难以界定，采用在开裂前进行荷载控制，加载到一定荷载后再以此荷载对应的最大位移的 1.25～1.50 倍进行位移控制，后续各级位移均以上一级位移的 1.25～1.50 倍进行，并将每级位移对应于试件的广义位移角。此处位移角所对应的高度 H 取为试件第 3 层到第 5 层的高度，即 H=2250mm。

加载制度如图 7.19 所示。

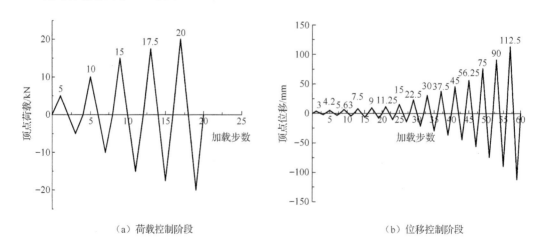

（a）荷载控制阶段

（b）位移控制阶段

图 7.19 加载制度

　　在弹性试验阶段，按照斜向支撑和水平支撑的安装顺序，分别进行掉层框架结构模型、斜向支撑掉层框架结构模型和同时增设斜向和水平支撑掉层框架结构模型的弹性阶段试验研究。3 种模型分别记为 M0、M1 和 M2，如图 7.20 所示。

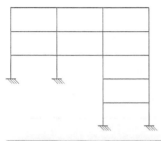
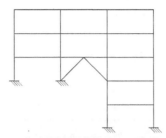
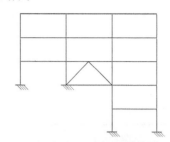

（a）M0模型　　　　　　　　　　（b）M1模型　　　　　　　　　　（c）M2模型

图 7.20　试件模型示意图

　　在弹性阶段内，各模型仅进行荷载控制的低周往复试验，最大荷载为 20kN。M2 模型在荷载控制结束后，继续按照加载工况进行位移控制的拟静力试验，直至试件达到破坏状态后停止试验。

7.3.2　试验现象

　　根据试验加载制度进行现象描述，即根据试件第 5 层的水平荷载和水平位移进行描述。当水平荷载从 5kN 逐级加载至 20kN 时，模型 M0、M1、M2 的顶层楼层位移分别增加至 2.31mm、2.87mm、2.5mm，试件表面始终未出现裂缝。试验现象见表 7.6。

表 7.6　试验现象汇总

顶点位移/mm	试验现象
3.00	未出现裂缝
5.63	4 层梁 B43 的左端开始出现拉裂缝，裂缝由梁底部向上发展
7.5	梁 B43 左端裂缝继续发展，同时其右端和 4 层梁 B42 左端以及 3 层梁 B32 开始出现裂缝，B43 裂缝细节如图 7.21（a）所示
15	第 5 层柱 C54 柱顶首先出现两条水平裂缝，如图 7.21（b）所示
22.5～37.5	梁端和柱端裂缝继续发展，而掉 2 层梁右在水平位移达 30mm 时开始出现微小裂缝，第 3 层和第 4 层各柱柱顶和柱底裂缝如图 7.21（c）～（h）所示

顶点位移/mm	试验现象
45	掉 2 层柱 C21 顶部和梁 B21 左端开始出现第 1 条轻微细裂缝，试件整体状态仍良好，未出现明显的混凝土起皮和剥落，如图 7.21（i）所示
56.25	水平钢支撑的固端混凝土底座发生局部受压破坏，预埋的钢板发生轻微屈曲，4 层柱 C42 顶部节点混凝土开始起酥，与之相连的梁端梁底混凝土发生剥落，4 层梁端均明显破坏，B41 梁左出现大裂缝，钢筋稍稍露出，此位移下各现象如图 7.21（j）～（1）所示
90	出现了钢筋拉断的声音，观察后是梁 B43 的右端，梁底部钢筋拉断，4 层柱和 5 层柱柱端混凝土外鼓和脱落，其中 4 层柱 C42 柱底破坏较为严重，如图 7.21（m）、（n）所示
112.5	试件表面混凝土大面积脱落，柱脚压碎

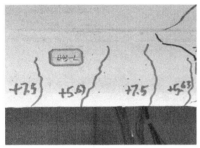

（a）B43-L 处裂缝（7.5mm）

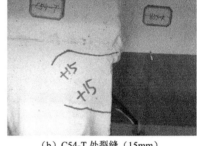

（b）C54-T 处裂缝（15mm）

（c）C33-B 处裂缝（22.5mm）

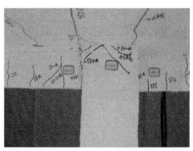

（d）C32-T 处裂缝（37.5mm）

（e）C34-B 处裂缝（22.5mm）

（f）C34-B 处裂缝（37.5mm）

图 7.21　裂缝发育

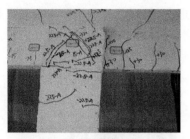

（g）C42-T 节点处裂缝（37.5mm）

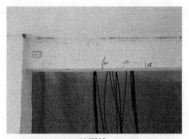

（h）B21-R 处裂缝（37.5mm）

（i）C21-T 处裂缝（45mm）

（j）钢支撑处裂缝（56.25mm）

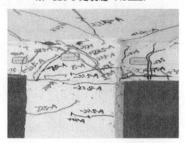

（k）C42-T 节点处裂缝（56.25mm）

（l）B41-L 处裂缝（56.25mm）

（m）B43-R 处钢筋拉断（90mm）

（n）C42-B 处破坏（90mm）

（o）试件最大位移值状态（112.5mm）

（p）试件最终状态

图 7.21（续）

图 7.22 为极限状态下掉层部分各构件的破坏形态。掉层部分各构件在极限状态下均保持良好，仅在梁端出现轻微细裂缝，且都在顶层位移大于 45mm 以后，对应位移角为 1/50，且掉 2 层梁的裂缝出现较掉 1 层稍早。梁柱纵向钢筋均未屈服。

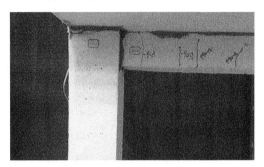

(a) C12-T 和 B11-R

(b) C11-T 和 B11-L

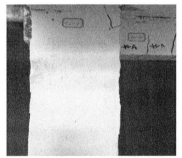

(c) C22-T 和 B21-R

(d) C21-T 和 B21-L

图 7.22　掉层部分破坏形态

图 7.23 为极限状态下第 3 层各构件的破坏形态。3 层 4 根柱子均出现明显裂缝，其中 C31 和 C32 柱顶节点出现交叉斜裂缝，柱底破坏较轻微，上接地柱柱底出现贯通的拉裂缝，柱顶出现少许裂缝，上接地层各柱并未见出现混凝土的起鼓和剥落。3 层梁裂缝开展较掉层梁更为密集，其中梁 C32 的左端裂缝较多，梁端混凝土出现轻微的起皮和剥落，是 3 层最早出现裂缝且破坏严重的部位。支撑和钢梁始终没有出现破坏，与支撑相连的梁和柱，也未见明显的裂缝，而钢梁连接的左端支座处，因连接处混凝土未加强配筋且预埋件预埋钢筋长度较短，底座表面混凝土被拉裂。

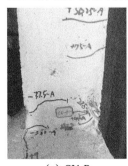

(a) C31-B

(b) C31-T

(c) C32-B

图 7.23　第 3 层破坏形态

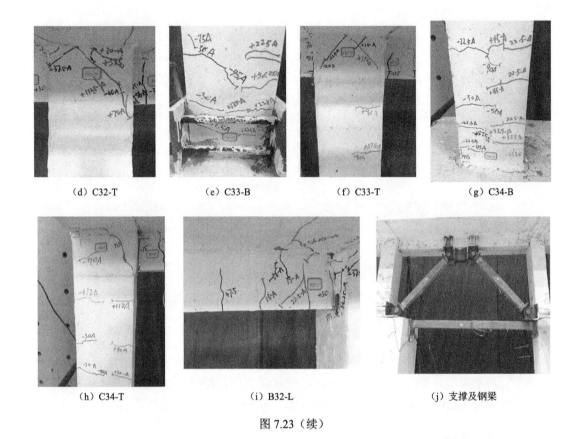

（d）C32-T　　　（e）C33-B　　　（f）C33-T　　　（g）C34-B

（h）C34-T　　　　　　（i）B32-L　　　　　　（j）支撑及钢梁

图 7.23（续）

图 7.24 为极限状态下第 4 层各构件的破坏形态。第 4 层 4 根柱裂缝密集发展，其中中柱 C42 和 C43 破坏最严重，柱顶表面混凝土大量起皮剥落，柱 C42 底部混凝土压溃，使得纵向钢筋外露且屈曲，形成较明显的柱铰。C42 和 C43 顶部中节点裂缝发展密集，形成较多交叉斜裂缝，混凝土表面起皮、脱落。4 层梁梁端均破坏严重，梁端混凝土表皮大面积脱落，B43 梁右端纵筋明显外露且钢筋拉断，是破坏最严重的部位，4 层梁梁端均出现明显的梁铰。

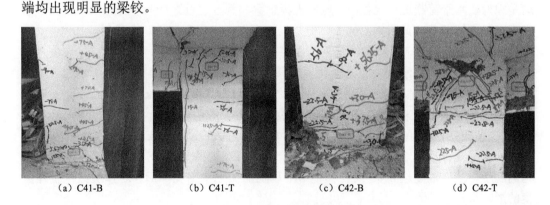

（a）C41-B　　　（b）C41-T　　　（c）C42-B　　　（d）C42-T

图 7.24　第 4 层破坏形态

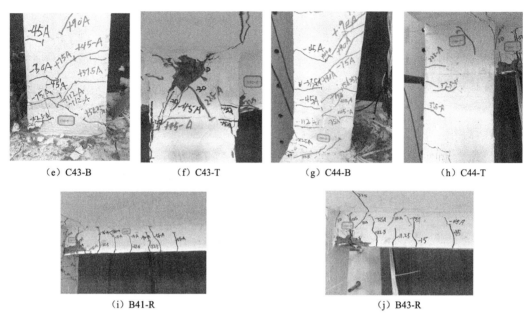

（e）C43-B	（f）C43-T	（g）C44-B	（h）C44-T

（i）B41-R	（j）B43-R

图 7.24（续）

极限状态下第 5 层各柱柱顶裂缝开展密集，裂缝贯通，柱表皮混凝土起酥并伴有轻微剥落，顶部中节点未出现明显裂缝，各柱柱底仅出现轻微细裂缝，状态基本保持较好。5 层梁均未出现较明显裂缝，即使在最终加载工况下，梁端始终无明显破坏。

7.3.3 试验数据处理

1. 弹性阶段模型的性能分析

3 种模型在弹性阶段内的荷载-位移曲线如图 7.25 所示。由图 7.25 可知，各模型顶点水平荷载与位移始终保持同步增加，直线的斜率保持一致，模型的刚度在荷载不断增加时始终保持不变，结构处于弹性阶段。在荷载-位移曲线中，3 种模型均形成封闭的环，这是因为在水平荷载进行推拉时，侧向支撑钢梁与第 5 层柱之间有轻微接触。虽然两者之间布置了低摩擦的聚四氟乙烯板，但是仍然存在一定的摩擦力。在顶层施加水平力，当力的作用方向改变时，施加的水平荷载将先抵抗摩擦力的作用，之后试件才发生水平移动。在此阶段内，水平力发生变化而位移不变，因此形成了如图 7.25 所示的环。从水平力突变的值可以大致判断得出，两者之间摩擦力大致为 1.8kN。分别选取 3 模型中水平荷载约为 10kN 和 20kN 时对应的楼层顶点位移值，求出各模型的刚度值，见表 7.7。从表 7.7 中可知，掉层框架结构模型刚度为 7.53，斜向支撑模型 M1 和增设人字形和水平支撑模型 M2 的刚度分别为 8.15 和 8.12，说明增设支撑提高了掉层框架结构的刚度，提高幅度达 8%。而在模型 M1 基础上加上水平支撑后，对掉层结构整体刚度的影响很小。

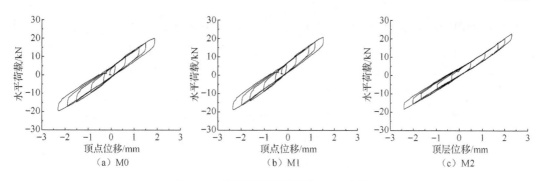

　　　　（a）M0　　　　　　　　　（b）M1　　　　　　　　　（c）M2

图 7.25　弹性阶段模型荷载–位移曲线

表 7.7　弹性阶段模型刚度

模型	位移值/mm	荷载值/kN	刚度
M0	0.92	10.02	7.53
	2.22	19.81	
M1	0.60	9.89	8.15
	1.79	19.56	
M2	1.24	9.95	8.12
	2.45	19.75	

2. 破坏形态及机制

　　对增设人字形和水平支撑的模型 M2，在荷载控制后，采用位移控制进行弹塑性分析。图 7.26（a）为顶点水平位移+112.5mm 时整体状态，图 7.26（b）为顶点水平位移–112.5mm 时整体状态。

　　　　（a）+112.5mm　　　　　　　　　　　　（b）–112.5mm

图 7.26　试件整体破坏形态

　　从试件整体破坏形态可以看出，试件破坏最严重的部位是第 4 层的梁和柱。其中 4 层中间两根柱的柱顶节点区出现大量交叉斜裂缝，表面混凝土剥落，柱底出现左右贯通的拉裂缝，柱底混凝土被压溃。4 层梁端均出现密集裂缝，且梁底混凝土大面积脱落，梁 B43 右端底部纵向钢筋被拉断。上接地层各柱破坏相对较轻，上接地柱未出现明显破坏。加上支撑后，上接地柱不再是掉层结构中最薄弱部位。与钢梁相连的支座局部压坏，支撑和钢梁始终处于弹性阶段，未发生屈曲。掉层部分各构件保持良好状态，仅在掉层部分梁端出现少许轻微裂缝。在极限状态下，掉层柱未出现明显偏移和变形。第 5 层柱在柱顶出现贯通裂缝，柱顶混凝土表面出现起鼓和剥落，柱底裂缝出现较少，仅在大位移下出现轻微拉裂缝。而 5 层梁基本未出现裂缝，原因是水平作动器通过预埋在梁中的钢板施加水平力，梁始终处于轴心受力状态，同时水平拉力杆是完全固接在 5 层梁的两侧，与梁形成整体，并且梁顶部分配梁对顶层梁有向下的约束，对梁整体有保护作用。试件最终的破坏是以 4 层梁端钢筋被拉断，4 层柱柱顶节点混凝土起皮脱落和柱底混凝土被压溃为标志。

试验完成后，为了对试件的破坏模式和破坏路径进行分析，对结构各构件出铰顺序进行研究。判断框架结构各构件出铰的方法是根据试验前进行的钢筋拉伸材性试验，分析数据得到不同直径钢筋和钢材的屈服应变，然后根据试验时构件各个截面上预埋应变片得到应变数据，判断出试件各构件截面的钢筋屈服先后顺序，最后结合试验各个加载工况下裂缝开展的顺序综合考虑得出试件各个部位出铰顺序。图 7.27 给出了试件的出铰情况，其中空心圆圈表示柱端的出铰情况，实心圆圈表示梁端的出铰情况。图 7.27（a）中括号外的数字表示梁柱出铰的顺序，括号内数字是出铰时对应的加载工况下的位移幅值，位移越大则出铰越靠后。图 7.27（b）括号内的数字衡量该部位的破坏程度，其含义是最大应变值与对应直径钢筋的屈服应变值之比，数值越大表示破坏越严重。

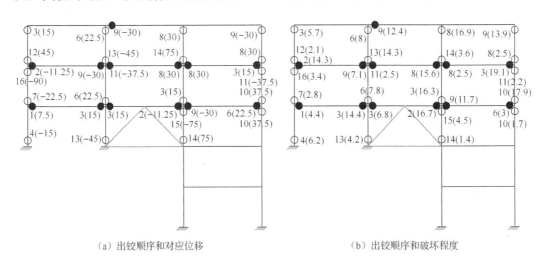

(a) 出铰顺序和对应位移　　　　　　　　(b) 出铰顺序和破坏程度

图 7.27　试件的出铰顺序和破坏程度

从图 7.27 可知，该试件表现为梁柱混合铰，在加载过程中，3 层梁端和 4 层梁端首先形成塑性铰，柱最先出铰的位置是 C34 底部、C42 底部和 C54 顶部。3 层梁端和 4 层梁端在位移幅值为 30mm 时，均出现塑性铰，而绝大多数柱的出铰顺序都在梁之后，柱端出铰时对应的位移幅值大部分在 30mm 后,尤其是上接地层,上接地柱仅有 C34 底部在 15mm 时出铰。C33 柱底出铰时对应的位移幅值为 45mm,且柱顶均未出铰。同时从钢筋应变来看,掉层部分的梁和柱,以及第 5 层梁钢筋均未屈服,这是因为增设支撑后,掉层部分承担的地震剪力很小,水平钢支撑将掉层部分与底座相连后,结构相当于平地 3 层的框架结构,非接地柱内力通过钢梁传递给了底座,所以掉层未出铰。5 层梁未出铰是因为试验装置和加载方式对 5 层梁的加强作用造成的。从破坏程度来看,破坏严重的楼层由上接地层向上部楼层转移,4 层柱底和 5 层柱顶的破坏较为严重。上接地柱 C34 柱底虽然出铰较早,但最终的破坏程度并不严重,说明增设支撑后,增强了上接地层抵抗地震的能力,支撑承担了该层绝大部分的地震力,同时非接地柱参与协同工作,转移了上接地柱的率先破坏,减轻了上接地柱的破坏程度。

在上接地层中跨增设人字形支撑,可平衡该层左右各部分刚度,协调各柱参与工作,同时承担该层大部分地震剪力,减轻和延缓上接地柱破坏,同时设置水平钢支撑,增加了上接地层非接地柱刚度的同时,将非接地构件内力通过水平钢梁传递到底座,减小了掉层部分所受内力,改变掉层结构的破坏机制。钢支撑-RC 掉层框架的破坏机制如图 7.28 所示。

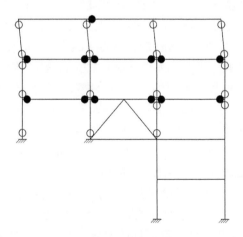

图 7.28 试件破坏机制

3. 滞回曲线和耗能

滞回曲线是试件在反复荷载作用下力和位移之间的关系曲线。在进行拟静力试验时,以试件顶点位移为横坐标,以试件顶层水平荷载为纵坐标绘制而成的曲线称为试件的滞回曲线。此次试验试件的滞回曲线如图 7.29(a)所示。以上接地层层间位移为横坐标,以该层各竖向构件水平力之和为纵坐标绘制的曲线如图 7.29(b)所示。

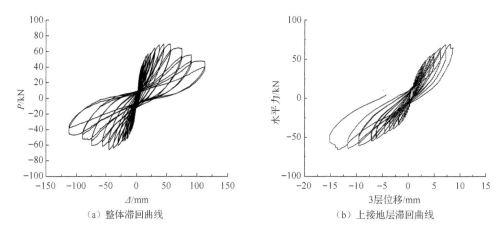

（a）整体滞回曲线　　　　　　　　　　　（b）上接地层滞回曲线

图 7.29　荷载-位移曲线

如图 7.29（a）可知，在循环荷载加载初期，滞回曲线呈线性变化，所形成的滞回环面积很小，试件的初始刚度基本无变化，卸载后无残余变形，试件处于弹性阶段。随着水平位移的增加，试件从弹性阶段进入弹塑性阶段，试件表现出一定的残余变形，此时滞回曲线仍然很紧凑，呈现出狭长的分布特征，试件曲线的上升趋势仍然很陡峭，刚度无明显下降趋势。顶点位移继续增加，试件进入屈服阶段后，随着试件梁端和柱端裂缝密集发展，构件充分耗能，滞回曲线更加饱满，曲线斜率变缓，试件刚度下降，滞回曲线的上升由陡峭渐转平缓。当顶点位移增加至 45mm 时，试件承载力达到峰值，再继续增加顶点位移，试件的承载能力将缓慢下降，并且随着位移循环次数的增加，同级广义"位移角"下，试件承载力也会降低，滞回曲线包围面积减小，试件整体刚度退化较多。在加载后期，试件的滞回曲线会呈现出明显的"捏缩"现象，这是因为试件在反复荷载作用下，梁端塑性铰已开展充分，破坏较为严重，上部楼层柱顶和柱底也出现一定程度损伤，顶点发生水平位移也显得更为容易。如图 7.29（b）所示，在正、负向加载下，上接地层的侧移反应存在明显差异。正向加载时受压支撑与接地柱柱脚相连，刚度较大，负向加载时受压支撑与柱节点直接连接，刚度较小，所以正向加载时位移反应明显小于负向加载。由于试验进行到顶点位移为-45mm 时，上接地层位移计线断了，所以仅绘制了该阶段的层间滞回曲线。

根据滞回曲线各个加载循环下滞回环的面积，得出试件的累积耗能曲线如图 7.30 所示。累积耗能曲线反映了试件随着循环数增加、顶点位移增大时耗能能力的变化情况。由图 7.30 可知，当循环数小于 10 时，试件的破坏程度较轻，累积耗能能量较小。当循环数大于 10 时，梁端裂缝开展，柱端开始出现裂缝，试件的破坏程度加大，绝大多数构件参与耗能，累积耗能值不断增加。随着循环数不断增加，累积耗能曲线越来越陡峭，切线斜率不断变大，说明试件的耗能速率在变快，后期滞回曲线所围成的面积越大，试件耗能更加充分。

4. 骨架曲线与延性系数

骨架曲线是指在正向加载和负向加载的各级位移加载工况下，第 1 循环加载时水平荷载最大值对应的点通过依次相连所得到的曲线。图 7.31 为试件的骨架曲线。

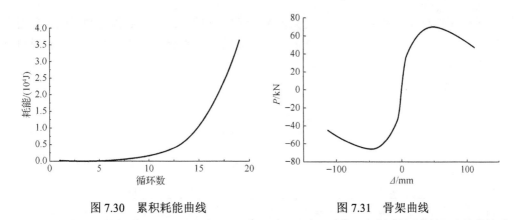

图 7.30　累积耗能曲线　　　　　图 7.31　骨架曲线

从图 7.31 可知，试件在 3 个不同受力阶段的特点：在线弹性阶段，骨架曲线几乎为一条斜直线，结构侧移小，刚度变化不明显；进入屈服阶段后，随着水平位移的增加，结构的承载力不断增大，结构的刚度随位移增大而降低，残余变形逐渐累积；随着水平位移增加，试件承载力达到峰值，随后承载力逐渐降低，试件破坏程度加大。在正向加载下降段内，曲线先较为平缓后下降较快，说明试件在保证 80%左右的承载能力内，变形能力较好；负向加载时，曲线下降较快，试件抵抗变形的能力不好。

为了更好地衡量试件的变形能力，采用试件延性来进行定量分析。延性是一个结构或者构件从屈服开始到峰值点后继续保持较高承载能力的塑性性能，一般用来衡量延性优劣的参数是延性系数，通常有 3 种，分别为位移延性系数、曲率延性系数，以及转角延性系数，这里采用位移延性系数来进行分析，即

$$\mu = \frac{\Delta_{\mathrm{u}}}{\Delta_{\mathrm{y}}} \tag{7.6}$$

式中，Δ_{y} 为试件正向加载或负向加载时对应的屈服位移；Δ_{u} 为试件正向加载或负向加载时对应的极限位移。

采用几何作图法和能量等值法两种方法来计算延性系数，两种方法的示意图如图 7.32（a）、（b）所示。选取顶层荷载下降至峰值荷载的 85%时所对应的荷载值作为试件的极限荷载，此时对应的位移为极限位移，如图 7.32（c）所示。

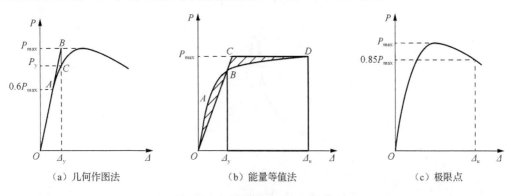

（a）几何作图法　　　　　（b）能量等值法　　　　　（c）极限点

图 7.32　确定屈服点和极限位移点

试件位移延性系数见表 7.8，可知两种计算方法得出的位移延性系数正向加载时分别为 5.13 和 3.72，负向加载为 5.69 和 3.76，均满足二级钢筋混凝土框架结构位移延性系数最小限值的建议参考取值 1.84[68]，说明增设人字形和水平支撑的掉层框架结构变形能力较好。

表 7.8　位移延性系数

计算方法	加载方向	屈服点		峰值点		极限点		μ
		P_y/kN	Δ_y/mm	P_{max}/kN	Δ_{max}/mm	P_u/kN	Δ_u/mm	
几何作图法	推	50.28	15.42	69.43	44.84	59.02	79.06	5.13
	拉	-46.45	-14.53	-66.14	-44.82	-56.22	82.72	5.69
能量等值法	推	56.82	21.24	69.43	44.84	59.02	79.06	3.72
	拉	-54.56	-22.02	-66.14	-44.82	-56.22	-82.72	3.76

5. 刚度退化

刚度退化是指在拟静力试验过程中，试件的刚度随着循环数或加载位移的增加而下降的现象。试件在正向、负向加载时的刚度用每一加载工况下的最大荷载与对应位移的比值来表示，即

$$K_i = \frac{P_i}{\Delta_i} \tag{7.7}$$

式中，K_i 为第 i 级位移加载时第 1 次循环的割线刚度；P_i 为第 i 级位移加载时第 1 次循环对应的最大水平荷载；Δ_i 为第 i 级位移加载时第 1 次循环中最大水平荷载时的位移。

试件在加载下的刚度变化如图 7.33 所示。可知，在试验过程中，试件在正向和负向的水平荷载加载工况下的割线刚度基本是对称的，这是由于虽然普通的掉层结构有两个不同的接地端，框架左右并不对称，上接地层 4 根柱因为接地端的区别，刚度分配也不均匀，但是本次试验在掉层框架结构的基础上，增设了人字形和水平支撑，人字形支撑

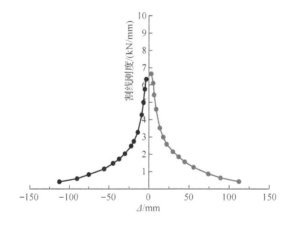

图 7.33　正、反向加载的刚度变化

均衡了上接地层各柱之间的刚度，水平钢支撑将掉层部分与底座相连，使得结构类似于上部 3 层的平地结构。在开裂荷载阶段，梁端和柱端出现裂缝，试件的刚度快速下降。当试件进入屈服阶段后，梁端和柱端塑性铰充分发展，试件的刚度降低且下降速度减缓。顶点侧向位移逐渐增大，试件达到峰值点后进入破坏状态，梁柱破坏严重，刚度退化进一步减缓，曲线渐渐趋于平行，说明试件已耗能充分。

6. 层间位移角

在试验时，试件的左右两侧各楼层均布置位移计，用于量测各层的位移值，同时因为掉层结构本身具有非对称性，将层间位移角分为正向加载和负向加载工况分别进行分析。在小位移下，各楼层层间位移改变值较小，层间位移角变化不明显，所以本节列出了后 8 个位移循环幅值正负加载下的层间位移角分布。按不同起算点绘制的正向和负向加载工况下层间位移角分布如图 7.34 所示，其中按下接地起算仅仅绘制了前 4 个位移幅值，这是因为试验进行到-45mm 工况时，第 3 层左侧的位移计和试件相黏接的地方被拉断，后续工况下该楼层的位移未能测量。

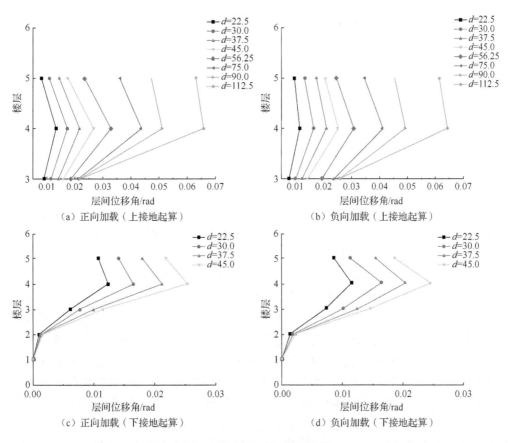

图 7.34 各循环最大层间位移角

如图 7.34 所示，当以上接地端为起算点时，正向加载和负向加载下各楼层层间位移角的分布规律完全一致，最大层间位移角出现在第 4 层的位置。同时增设支撑和钢梁后，上接地层层间位移角值较小，增长的速率也远远慢于上部楼层，说明薄弱楼层已不再是上接地层。当以下接地端为起算点，在顶点位移不超过 45mm 时，正向加载和负向加载下最大层间位移角均位于第 4 层，掉层部分在整个循环加载过程中，层间位移角一直很小，掉层部分基本未发生水平位移。总之，两种不同起算点的选择下，最大层间位移角出现的位置位于第 4 层，且同样加载位移幅值下最大层间位移角的值基本相等。

7. 支撑应变变化特征

在试验加载过程中，人字形支撑和水平支撑表面始终未发生屈曲，通过在支撑中部的 4 个截面上布置应变片，观察构件在试验过程中应变发展趋势。选取每根构件上 4 个应变的包络值，绘制出支撑在不同位移幅值下的应变-位移曲线，如图 7.35 所示。

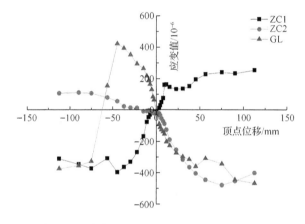

图 7.35　各位移幅值下支撑应变变化趋势图

由图 7.35 可知，人字形和水平支撑在整个滞回过程中的拉应变和压应变值均在 500×10^{-6} 以内，未达到屈服。靠近上接地层非接地柱的 ZC1 在推拉位移幅值下，拉压应变值基本相等，说明支撑在往复加载过程中，受力基本处于对称状态。与上接地柱底部相连的 ZC2 在往复加载过程中，拉应变明显小于压应变，这是因为在负向加载时上接地柱承担的剪力比在正向加载时非接地柱承担的剪力大，所以分担给与之相连的支撑的力减小了，反映出来就是拉压应变不等且拉应变小于压应变。水平钢支撑在加载过程中，正向加载时，水平钢支撑受压，当位移幅值小于 45mm 时，拉压应变基本相等，当位移值为 +56.25mm，水平支撑和底座相连处发生局部受压破坏，此时钢支撑应变减小，因为钢支撑和底座之间产生缝隙，两者之间的连接变得松弛，使得在负向加载时钢支撑已经不参与工作，应变保持在 -400×10^{-6} 左右。直至到达下一循环位移值 +75mm，钢支撑继续受压，压应变值继续增加，但应变值增幅不大。在试验的整个过程中，人字形和水平支撑始终处于弹性阶段，未参与结构的耗能，主要作用是提高结构整体刚度，增强上接地层的抗侧移能力和协调各构件之间的相互作用。

因此，增设人字形和水平支撑后，掉层框架结构掉层部分的梁端和柱端均无塑性铰开展，结构破坏最严重的部位出现在第 4 层的梁端和柱端，上接地层上接地柱的破坏程度有所减轻。试件的荷载-位移曲线呈较饱满的弓形，耗能性能较好，延性系数满足混凝土框架建议取值要求，变形能力良好，设计的钢支撑-RC 掉层框架结构具体良好的抗震性能。试验中支撑始终处于弹性阶段，起到了提高结构上接地层承载能力及变形能力，增强结构各楼层抗侧移能力，协调各构件剪力分布的作用。

7.4　横坡向设置支撑的数值模拟研究

增加掉层部分的刚度，增加其对上部结构的约束即可降低掉层结构扭转效应。以掉层部分为 3 层 3 跨，上部结构分别为 4 层和 10 层的结构为例，分别在掉层部分设置 3 层支撑、掉层部分及上接地层共设置 4 层支撑，其中支撑设置于掉层侧最外侧的横坡向框架，讨论其对结构扭转效应的影响。

调整钢支撑面积，使结构上接地层的偏心率在 0.22 左右。其中设置 4 层支撑的结构单个支撑面积为 $0.0064m^2$，设置 3 层支撑的结构单个支撑面积为 $0.01m^2$，此时结构的楼层位移比均在 1.5 左右。

由图 7.36 和图 7.37 可知，设置 4 层支撑后，掉层部分的层间位移角相对设置 3 层的支撑稍大些，上接地层的掉层侧层间位移角小于设置 3 层支撑时的结构，上接地层以上楼层的掉层侧层间位移角相差不大，上接地侧的层间位移角也差异不大。两种支撑布置方式主要影响掉层部分和上接地层掉层侧的层间位移角，且与上部结构的层数无关。

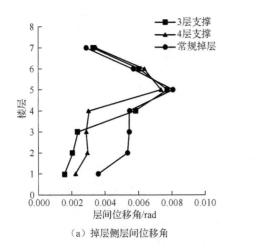
（a）掉层侧层间位移角

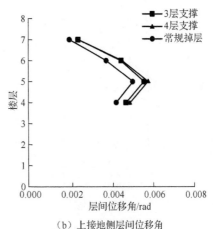
（b）上接地侧层间位移角

图 7.36　上接地层为 4 层时的层间位移角

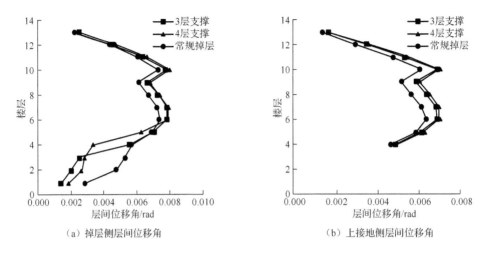

（a）掉层侧层间位移角 （b）上接地侧层间位移角

图 7.37　上接地层为 10 层时的层间位移角

从图 7.38 和图 7.39 可知，相对下接地端，当设置 3 层支撑时，除上接地层外，其他各层层间扭转角均大幅减小，上接地层的层间扭转角发生突变，且相对未设置支撑的结构略有增大，仅在掉层部分设置支撑并不能很好的控制上接地层相对下接地端的扭转效应；当设置 4 层支撑时，各层层间扭转角均有大幅度降低，并且分布较均匀。相对上接地端，设置 3 层支撑和设置 4 层支撑时，各楼层的层间扭转角均大幅减小，且减小程度接近。

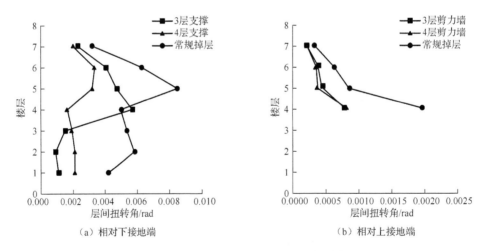

（a）相对下接地端 （b）相对上接地端

图 7.38　上接地层为 4 层时的层间扭转角

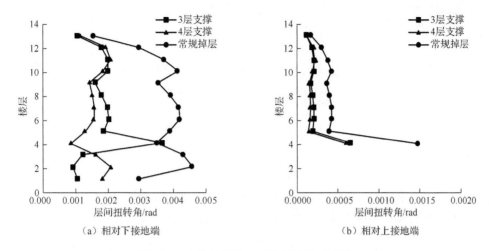

图 7.39　上接地层为 10 层时的层间扭转角

　　两种钢支撑布置形式均能降低结构掉层侧和上接地侧的变形。仅在掉层部分设置钢支撑时，层间扭转角会在上接地层发生突变，甚至比原掉层结构更大，而在掉层部分和上接地层均设置钢支撑时，层间扭转角分布更均匀，扭转控制效果更好。另外，设置 3 层支撑时支撑用钢量为 $0.4109m^3$，设置 4 层支撑时支撑用钢量为 $0.3506m^3$，设置 4 层比设置 3 层节约 14.7%的用钢量。所以，建议将支撑设置在掉层侧边榀结构并延伸至上接地层。

7.5　小　　结

　　针对设置钢支撑的掉层加强措施，本章对不同刚度比下各支撑布置方案进行弹性分析，从结构动力特性、侧向位移及关键构件内力、扭转反应等方面进行对比；选择了较优的支撑布置方案设计了一栋总层数 8 层，掉 2 层 1 跨，刚度比为 4 的钢支撑-掉层框架结构原型，并开展了其子结构的拟静力试验，主要得到以下结论。

　　(1) 增设支撑可以提高掉层结构的整体刚度，协调各构件之间共同作用，提高掉层框架结构的抗震性能。水平支撑+斜支撑形式 M2、M3、M4 和 M6 相对合理。

　　(2) 增设支撑后，增强了上接地层抵抗地震的能力，支撑承担了该层绝大部分的地震力，同时非接地柱参与协同工作，转移了上接地柱的率先破坏并减轻了上接地柱的破坏程度。人字形和水平支撑始终处于弹性阶段，未参与结构的耗能，主要作用是提高结构整体刚度，增强上接地层的抗侧移能力和协调各构件之间的相互作用。

　　(3) 在掉层部分和上接地层均设置支撑时，结构的层间扭转角分布较均匀，扭转控制效果更好。

第8章 抗侧力构件承载力加强的山地掉层框架结构地震响应分析

在掉层框架结构中，上接地部位是毋庸置疑的薄弱部位，且试验研究发现，上接地抗侧力构件的破坏程度对结构最终的破坏状态影响较大。因此，需要将上接地构件的破坏限制在一定的范围内，以防止结构因局部构件的严重破坏而倒塌。为达到此目的可采取适当的抗震措施，提高上接地抗侧力构件的强度。

8.1 抗侧力构件承载力加强的原则及构造

上接地柱的破坏状态对结构侧向变形、扭转变形和整体破坏特征影响较大，是结构的关键构件；而掉层部分除可作为结构后备的抗震防线外，亦为相应上部楼层的竖向承重构件，是抗倾覆中的关键部位，对维持结构体系的整体安全性亦至关重要。因此，可通过内力调整增加上接地柱和掉层部分的强度储备。依据此思路，《山地建筑结构设计标准》（JGJ/T 472—2020）提出了具有针对性的建议，但尚未对配筋调整的效果进行验证（图8.1）。

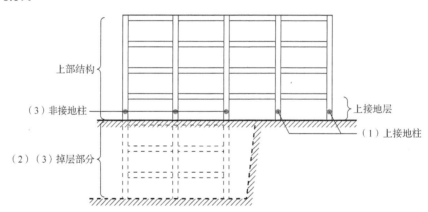

图8.1 《山地建筑结构设计标准》（JGJ/T 472—2020）规定的配筋调整示意图

主要涉及的内容如下：

（1）掉层结构上接地层竖向构件的结构重要性系数 γ_0 宜取不小于1.1。

（2）掉层结构的掉层层间受剪承载力不宜小于其上层相应部位竖向构件的受剪承载力之和的1.1倍。

（3）掉层结构中掉层部分的抗侧力构件以及上接地层抗侧力构件地震内力宜进行放大，上接地层非接地抗侧力构件可按其下端假定为固端的模型计算结果进行调整；上接地层以下的掉层部分地震剪力取值不应低于调整后上接地层对应非接地构件的剪力。

8.2　上接地抗侧力构件承载力加强的数值模拟研究

作为结构的薄弱部位,上接地抗侧力构件的承载力将对结构的地震响应产生较大影响,故本节以仅调整上接地抗侧力构件承载力,研究其影响规律。

8.2.1　分析模型

不改变上接地柱的刚度,仅改变模型上接地柱的配筋,研究不同上接地抗侧力构件承载力对结构地震响应的影响。模型设计时,不考虑掉层层数的影响,掉层部分只设置一层,但层高有所增加,改变掉层跨数,以考虑上接地层内刚度分布变化的影响。模型如图 8.2 所示,参数见表 8.1,上接地柱配筋面积见表 8.2。其中,模型编号"D2Z"表示掉 2 根框架柱的掉层结构,其余编号以此类推。

当承载力提高较多时,在不改变截面的情况下,框架柱配筋量可能超过规范规定的纵筋配筋率限值,此处模型作为分析所用,将此忽略。

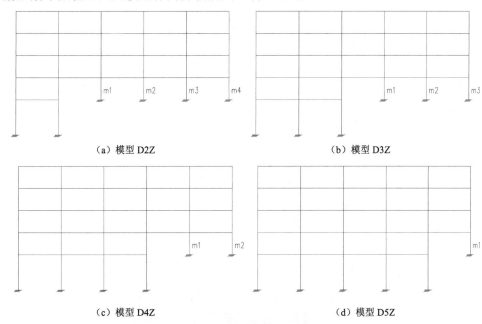

（a）模型 D2Z　　　　　　　　　　　（b）模型 D3Z

（c）模型 D4Z　　　　　　　　　　　（d）模型 D5Z

图 8.2　分析模型示意图

表 8.1　分析模型设计参数

模型	层高/m			楼面恒载/ (kN/m²)	楼面活载/ (kN/m²)	上接地柱最大 轴压比	最大层间位 移角/rad
	掉层部分	上接地层	其余楼层				
D2Z	4.8	4.1	3.3	5.5	2	0.83	1/902
D3Z	4.8	4.0	3.3	5.5	2	0.83	1/822
D4Z	4.8	4.0	3.3	5.5	2	0.84	1/721
D5Z	4.8	3.9	3.3	5.5	2	0.82	1/621

表 8.2　上接地柱配筋面积

模型	上接地柱编号	上接地柱单边配筋面积/mm²				
		原结构	承载力增大 20%	承载力增大 40%	承载力增大 60%	承载力增大 80%
D2Z	m1	829	1250	1660	2060	2460
	m2,m3	710	1110	1500	1880	2260
	m4	603	980	1350	1720	2080
D3Z	m1	829	1250	1660	2060	2460
	m2	942	1380	1810	2230	2650
	m3	603	980	1350	1720	2080
D4Z	m1	1362	1880	2380	2880	3380
	m2	763	1170	1570	1960	2350
D5Z	m1	1140	1610	2080	2540	2990

8.2.2　影响规律

1）层间位移角

对模型进行了 5 条地震波罕遇地震作用下的弹塑性时程分析,取其平均层间位移角,如图 8.3 和图 8.4 所示。

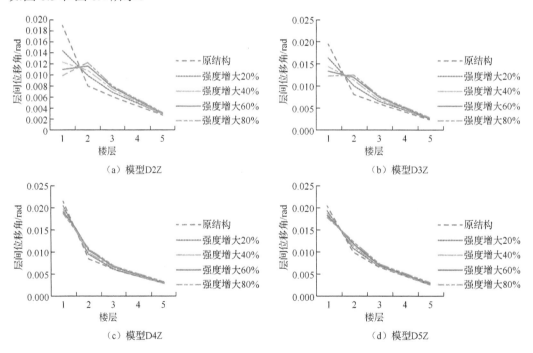

（a）模型D2Z　　　　　　（b）模型D3Z

（c）模型D4Z　　　　　　（d）模型D5Z

图 8.3　不同强度时的层间位移角

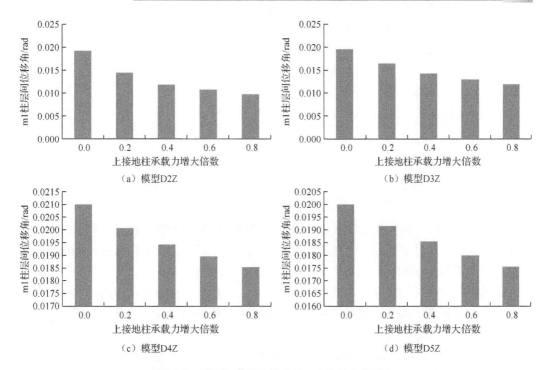

图 8.4　不同强度时上接地柱 m1 的最大位移角

由图 8.3 和图 8.4 可知，上接地柱承载力的增加对底部 3 层的层间变形有明显影响，尤其是上接地层，且这种影响随掉层侧构件侧向刚度比例的增加而减弱；4 层及以上楼层的层间位移基本不受影响。模型 D2Z 和 D3Z 中，随上接地柱承载力的增加，最大层间位移的位置由 1 层转移至 2 层，对模型 D4Z 和 D5Z，层间位移角的最大值始终出现在上接地层，即薄弱层位置不变。随着上接地柱承载力增大，上接地层层间位移角的减小，承载力增大增加至一定程度时该层间位移角的趋势变缓锐减，且掉层侧构件侧向刚度的比例越大，对应的承载力增大程度越大。

2）结构塑性耗能

不同上接地柱强度模型中塑性耗能的分布如图 8.5 所示。

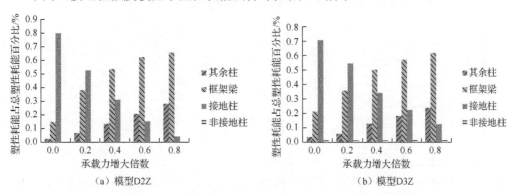

图 8.5　不同上接地柱强度模型中塑性耗能的分布

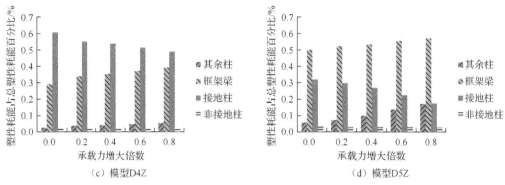

图 8.5（续）

由图 8.5 可知，随上接地柱承载力增大，接地柱塑性耗能的比例逐渐降低，非接地柱基本不耗能，而框架梁和其他柱的塑性耗能比增大，且接地柱塑性耗能占结构总塑性耗能的比例随掉层侧构件侧向刚度的增加而减小，在模型 D5Z 中，框架梁的塑性耗能最大。随掉层侧构件侧向刚度的增加，接地柱塑性耗能随上接地柱承载力增加而降低的趋势呈先减小后增大趋势，模型 D4Z 中接地柱塑性耗能的降低趋势最小，其他柱塑性耗能的增加趋势最小。

对于不同刚度分布的掉层结构，增加上接地柱承载力对其薄弱层和构件损伤的影响不同。

8.3　振动台试验研究

8.3.1　试验方案

依据《山地建筑结构设计标准》（JGJ/T 472—2020）的规定，对振动台试验模型 D2K1 的上接地竖向构件、掉层部分及上接地层非接地构件的配筋进行了加强，对各部分构件的配筋加强依据如图 8.1 所示。配筋加强后，得到模型 D2K1-S。模型 D2K1-S 的 1～3 层柱配筋发生变化，梁配筋和其他层柱配筋与模型 D2K1 相同。缩尺模型中 A 轴上部分柱配筋如图 8.6(b)所示，并将其与模型 D2K1 相应位置的柱配筋进行比较。模型 D2K1-S 的相似关系、材料性能、测点布置、加载制度等均与模型 D2K1 相同。

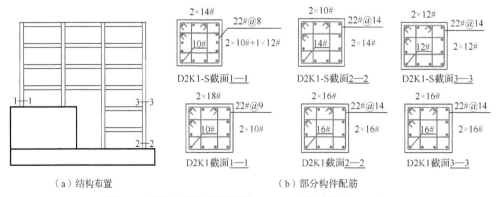

（a）结构布置　　　　　　　　（b）部分构件配筋

图 8.6　配筋加强的试验模型 D2K1-S（尺寸单位：mm）

8.3.2　试验现象

各个加载阶段后，对模型 D2K1-S 的裂缝情况进行介绍。

0.12g 地震波激励后，模型 D2K1-S 中，3 层柱 3C 底部出现两个侧面的相交水平裂缝；4～5 层部分柱端有细微裂缝产生。

0.33g 地震波激励后，3～6 层柱端裂缝增多，3 层梁 A12 在轴线 1 侧的顶部开裂；1～2 层梁 4AB 与轴线 1 相交的端部在梁上部出现局部细微裂缝；2 层柱 4A 顶部水平开裂。

0.50g 地震波激励后，3 层接地柱 1C、2C 顶部水平向开裂，5～6 层部分柱端出现新的水平裂缝。

0.65g 地震波激励后，3 层柱 4B 底部开裂，梁 4BC 与轴线 C 相交端开裂；4～5 层柱 4B 的节点及此处柱端的开裂；5～6 层轴线 C 上部分柱底开裂。在掉层部分 2 层梁 4AB 与轴线 A 相交侧在梁顶局部开裂。

0.84g 地震波激励后，3 层非接地柱 4A 底部水平向开裂，3～4 层部分 4 轴线、1 轴线上框架梁端部开裂；在掉层部分，2 层梁 4AB 与轴线 B 相交端、梁 A34 与轴线 3 相交端开裂。

1.01g 地震波激励后，3 层部分接地柱顶部或底部开裂，边柱 2C 出现斜裂缝；3～5 层多处出现梁端裂缝，且新增裂缝以 3 层梁端居多。掉层部分 1 层梁 4BC 与轴线 C 相交端、梁 A34 与轴线 3 相交端开裂。

1.20g 地震波激励后，3 层接地柱 2C 下端混凝土单侧出现竖向裂缝，柱 2B 底部混凝土剥落，柱 3B 顶部开裂，梁 C23 与轴线 2 相交端、梁 4BC 与轴线 B 相交端开裂，轴线 2、3 间梁跨中有竖向裂缝产生；在掉层部分，1 层柱 4C 底部开裂，梁 C34 与轴线 4 相交端开裂；2 层梁 3AB、3BC 在与 B 轴相交端开裂。

1.49g 地震波激励后，模型 D2K1-S 的破坏状态如图 8.7 所示，此时结构 3 层柱底均开裂，部分上接地柱底部出现竖向或斜向裂缝，非接地柱均为水平向裂缝；掉层部分接地柱、个别梁端、柱端开裂。

（a）上接地角柱　　　　　　　　（b）上接地边柱　　　　　　　　（c）上接地中柱

图 8.7　模型 D2K1-S 最终破坏状态

（d）顺坡向上接地侧

（e）顺坡向掉层侧

（f）横坡向掉层侧

（g）上接地与掉层连接部位

（h）顺坡向整体破坏

（i）横坡向整体破坏

图 8.7（续）

　　各加载阶段模型裂缝发展情况见表 8.3。在配筋加强的掉层框架结构模型 D2K1-S 中，结构破坏主要集中于 3～6 层。3 层上接地柱的开裂滞后于模型 D2K1，且其破坏程度虽明显大于非接地柱，但并未压溃。掉层部分的部分梁端、柱端破坏，但程度轻微，最终形成上部结构的整体破坏。配筋的加强改变了结构最终的破坏特征，上接地柱的破坏次序和破坏程度对结构的破坏机制影响较大。

表 8.3　模型 D2K1-S 破坏情况

加载阶段	模型 D2K1-S
1	3～5 层柱端细微水平裂缝
2	裂缝主要在 3～6 层柱端，2 层角柱顶部开裂
3	新出裂缝主要在 5～6 层柱端
4	3～6 层柱端裂缝发展，2 层出现梁端裂缝
5	3～4 层部分梁端部开裂，掉层部分部分梁端开裂
6	上接地柱端裂缝开展，接地边柱出现斜裂缝，3～5 层梁端裂缝增多，掉层有梁端开裂
7	3 层梁端、柱端裂缝发育，与 3 层上接地柱相连的梁端开裂
8	上接地柱斜裂缝发育，掉层破坏轻微

在试验前期，模型 D2K1-S 与模型 D2K1 的裂缝发生部位和发展过程相似，但最终破坏形态明显不同，上接地柱的破坏次序延迟，破坏程度减弱，掉层部分的破坏程度明显减弱，结构破坏上移且无显著薄弱层存在，结构具有更好的整体性。加强配筋后的破坏机制对结构抗震更为有利。

8.3.3　试验数据处理

1. 动力特性分析

根据试验数据计算得到模型 D2K1-S 在各个加载阶段前后的频率及振型曲线。将其沿顺坡向（x 向）、横坡向（y 向）的前 3 阶频率与竖向 1 阶频率列于表 8.4。模型 D2K1-S 和模型 D2K1 在各阶段地震波加载后，前 3 阶频率变化趋势如图 8.8 所示。

由表 4.11 和表 8.4 可知，地震工况加载前，模型 D2K1-S 在顺坡向、横坡向频率分别为模型 D2K1 的 1.07 倍和 1.08 倍，这主要是施工误差造成的。地震工况加载前，模型 D2K1-S 两方向上的抗侧刚度均略大于模型 D2K1。

表 8.4　模型 D2K1-S 频率　　　　（单位：Hz）

白噪声工况	x 向			y 向		
	f_1	f_2	f_3	f_1	f_2	f_3
1	7.23	24.50	36.47	6.11	20.65	37.55
30	6.19	21.50	34.50	5.21	18.22	34.10
35	4.98	16.70	27.10	4.47	15.00	27.19
38	4.38	14.83	24.54	3.73	12.79	23.57
40	4.13	13.75	23.38	3.26	11.63	21.68
42	3.75	11.94	20.22	2.73	10.41	19.58
44	3.18	11.00	19.09	2.33	9.38	18.30
46	2.92	9.83	17.55	2.02	8.39	16.89
48	2.35	9.25	15.52	1.74	7.76	15.85

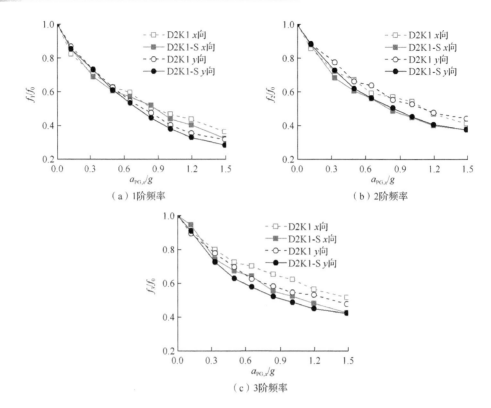

图 8.8　模型频率变化趋势

由表 4.11、表 8.4 和图 8.8 可知以下结论。

（1）随地震强度增加，模型各阶频率不断降低。两个模型在相应方向上的 1 阶频率衰减规律一致，均表现为 $a_{\mathrm{PG}x}$=0.50g 及之前，顺坡向频率降低幅度略大，之后横坡向频率降低幅度较大；2 阶频率衰减规律略有差异，模型 D2K1 在两个方向上的频率衰减幅度互有大小，而模型 D2K1-S 在顺坡向的频率衰减幅度始终大于横坡向；两模型 3 阶频率衰减规律一致。

（2）模型 D2K1-S 各阶频率最终的降低幅度均大于模型 D2K1。$a_{\mathrm{PG}x}$≤0.65g 时，两个模型的 1 阶频率下降幅度相近；$a_{\mathrm{PG}x}$≥0.84g 时，模型 D2K1-S 的 1 阶频率下降幅度稍大。$a_{\mathrm{PG}x}$=0.33g 及以后，模型 D2K1-S 的 2 阶、3 阶频率下降程度持续大于模型 D2K1。结合对两个模型的加速度反应分析可知，在试验后期，模型 D2K1-S 的加速度放大系数更大些，受到更大的地震作用，造成结构频率衰减相对更快。

图 8.9 给出了各加载阶段前后模型 D2K1-S 的振型曲线。与图 4.12 中模型 D2K1 振型位移曲线对比可知，随地震强度增加，两模型 1 阶振型曲线变化规律相似，均呈逐渐外凸趋势。2 阶振型下部外凸位置均向 1 层转移，但模型 D2K1-S 中 x 向振型曲线振型节点上移显著。在最后的加载阶段前，模型 D2K1-S 的 3 阶振型在 y 向与模型 D2K1 存在显著差异。

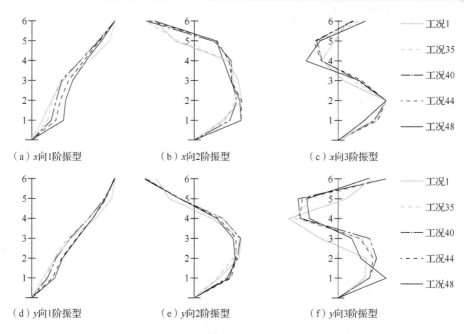

（a）x 向 1 阶振型　　　　（b）x 向 2 阶振型　　　　（c）x 向 3 阶振型

（d）y 向 1 阶振型　　　　（e）y 向 2 阶振型　　　　（f）y 向 3 阶振型

图 8.9　配筋加强的模型 D2K1-S 前 3 阶振型曲线

2. 加速度响应分析

两模型中加速度放大系数沿楼层的分布情况相似，顶层两方向上对角测点的加速度放大系数如图 8.10 所示。由图 8.10 可知，同一模型两测点在顺坡向的加速度放大系数的差异均显著小于横坡向。随地震强度增加，加速度放大系数呈减小趋势，但除个别工况外，模型 D2K1-S 顶层的加速度放大系数均大于模型 D2K1 中对应的值，这与两模型动力特性的差异性有关，因为结构响应是与地震动特性和结构特性均相关。

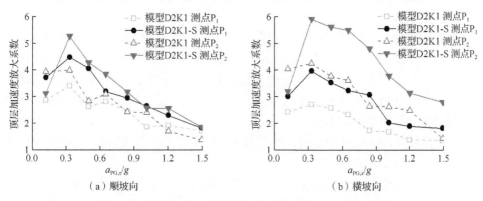

（a）顺坡向　　　　　　　　　　（b）横坡向

图 8.10　各加载阶段模型 D2K1 和 D2K1-S 的 6 层加速度放大系数

3. 位移响应分析

模型 D2K1-S 在天然波 2 系列加载工况时的层位移如图 8.11 所示。

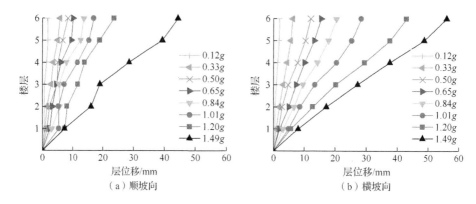

图 8.11　各加载阶段模型 D2K1-S 层位移

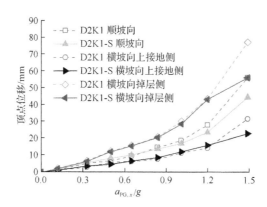

图 8.12　模型顶点位移与地震强度关系

综合图 4.21 中模型 D2K1 的层位移，以及图 8.12 中两模型的顶点位移结果可知以下结论。

（1）在顺坡向，$a_{PGx} \geqslant 1.01g$ 时，模型 D2K1 在掉层部分的变形显著增大，模型 D2K1-S 在掉层部分的变形虽有增加但其幅度仍较小；至 $a_{PGx}=1.49g$ 时，模型 D2K1-S 在 2 层的变形显著增大；$a_{PGx} \geqslant 1.20g$ 时，模型 D2K1 的 3 层位移骤增，而模型 D2K1-S 中 3 层位移的显著增大发生在 $a_{PGx}=1.49g$ 时，且此时模型 D2K1-S 的变形在 4~6 层的增加趋势显著大于模型 D2K1-S。

（2）在横坡向，$a_{PGx} \geqslant 1.20g$ 时，模型 D2K1 在掉层部分沿楼层的变形趋势较上部楼层显著，模型 D2K1-S 则无此现象。

（3）两模型均始终表现为顺坡向顶点位移在横坡向上接地侧顶点位移与掉层侧顶点位移之间。在 $a_{PGx} \leqslant 0.84g$ 时，两模型顶点位移最大值较为接近；$a_{PGx} \geqslant 1.01g$ 时，模型 D2K1-S 的顶点位移较模型 D2K1 有所减小；$a_{PGx}=1.49g$ 时，模型 D2K1 两方向位移均大幅增大，而模型 D2K1-S 位移增加幅度弱于模型 D2K1，尤其在横坡向，最终模型 D2K1-S 顺、横坡向上顶点位移显著小于模型 D2K1。试验中的配筋加强对结构变形的影响主要体现在地震作用较强时，且对横坡向变形的影响更显著。

模型 D2K1-S 在天然波 2 的系列加载工况中层间位移角沿楼层的分布情况如图 8.13

所示。两模型最大层间位移角的值及所在楼层见表 8.5。综合图 8.13、图 4.25 和表 8.5 可知，两模型的层间位移角分布及变化规律存在较大差异。

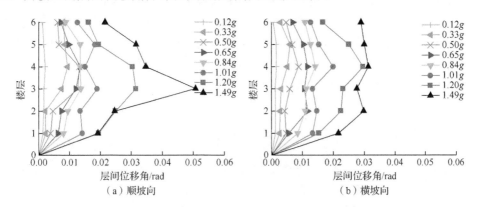

（a）顺坡向　　　　　　　　（b）横坡向

图 8.13　各加载阶段模型 D2K1-S 层间位移角

表 8.5　模型 D2K1 和 D2K1-S 最大层间位移角

地震强度	顺坡向				横坡向			
	模型 D2K1		模型 D2K1-S		模型 D2K1		模型 D2K1-S	
	最大值	楼层	最大值	楼层	最大值	楼层	最大值	楼层
0.12g	0.00197	3	0.00206	4	0.00207	4	0.00164	4
0.33g	0.00679	3	0.00936	4	0.00486	2	0.00610	5
0.50g	0.00871	3	0.01318	4	0.00806	4	0.00876	4
0.65g	0.01142	3	0.01347	4	0.01206	2	0.01167	4
0.84g	0.01402	3	0.01368	3	0.01478	2	0.01424	4
1.01g	0.02293	3	0.01895	3	0.02276	2	0.01990	4
1.20g	0.05129	3	0.03149	3	0.03629	2	0.02951	4
1.49g	0.11269	3	0.05081	3	0.06455	2	0.3130	4

在顺坡向，a_{PGx}=1.01g 时，模型 D2K1-S 的层间位移角在 1～2 层增加幅度明显增大，但仍小于模型 D2K1 相应楼层在此工况中层间位移角的增大程度；之后模型 D2K1 的层间位移角在 1～3 层增大显著，而模型 D2K1-S 层间位移角增大显著的楼层在 3～6 层，最终两模型最大层间位移角均出现在 3 层，模型 D2K1-S 的层间位移角在 1～2 层小于模型 D2K1，而在 4～6 层大于模型 D2K1。

在横坡向，自 a_{PGx}=0.65g，模型 D2K1-S 的层间位移角在 4～6 层大于模型 D2K1，在 1～2 层小于模型 D2K1，且随地震强度的增加该情况逐渐显著。不同于模型 D2K1 中最大层间位移角的位置由 4 层转移至 2 层，模型 D2K1-S 的最大层间位移角始终在上部楼层，并在最后的加载工况中在 4 层出现最大值。

在两方向，加载后期模型 D2K1-S 在上接地柱的层间变形明显小于模型 D2K1，破坏程度减轻，结构的层间位移角分布相对均匀。

4. 基底剪力-顶点位移关系

模型基底剪力与顶点位移的关系曲线如图 8.14 所示。由图 8.14 可知，两模型在顺坡向的最大基底剪力均大于横坡向，配筋加强后，模型 D2K1-S 的基底剪力在顺、横坡方向均有所提高，结构的承载力显著增大。在加载后期，模型 D2K1 两方向上的基底剪力均已降低且已发生变形的大幅增加，而模型 D2K1-S 顺坡向的基底剪力仍在增加，横坡向基底剪力有所降低，且结构变形幅度远小于模型 D2K1。

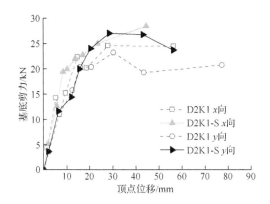

图 8.14　模型基底剪力与顶点位移关系

5. 扭转反应

模型 D2K1-S 各地震强度时的层扭转角和层间扭转角信息如图 8.15 和表 8.6 所示。与模型 D2K1 相比，相同地震强度时，模型 D2K1 的最大层扭转角与模型 D2K1-S 相差不大，且位于模型顶部；随地震强度增加，模型 D2K1-S 的最大层间扭转角逐渐大于模型 D2K1，但其位置始终在 3 层。《山地建筑结构设计标准》（JGJ/T 472—2020）规定的配筋加强在高强地震作用时可一定程度上减弱结构的扭转程度，但结构整体扭转变形及扭转的最大位置不变。

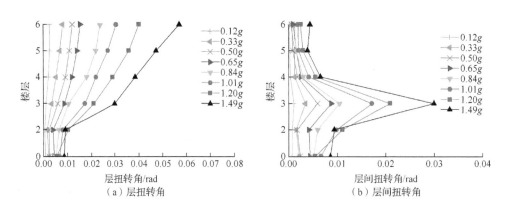

图 8.15　各加载阶段模型 D2K1-S 层扭转角和层间扭转角

表 8.6　模型 D2K1-S 扭转角信息

地震强度	最大层扭转角	最大层扭转角所处位置	最大层间扭转角	最大层间扭转角位置
0.12g	2.60×10^{-3}	6F	1.10×10^{-3}	3F
0.33g	8.09×10^{-3}	6F	3.46×10^{-3}	3F
0.50g	1.20×10^{-2}	6F	5.95×10^{-3}	3F
0.65g	1.53×10^{-2}	6F	8.76×10^{-3}	3F
0.84g	2.39×10^{-2}	6F	1.05×10^{-2}	3F
1.01g	3.06×10^{-2}	6F	1.72×10^{-2}	3F
1.20g	4.00×10^{-2}	6F	2.09×10^{-2}	3F
1.49g	5.71×10^{-2}	6F	2.99×10^{-2}	3F

综上所述，《山地建筑结构设计标准》（JGJ/T 472—2020）规定的配筋加强推迟了上接地柱的出铰，并减弱了其破坏程度，从而改变了结构最终的破坏机制；对结构位移响应的影响主要体现在高强地震作用时，配筋加强后，结构掉层部分的变形得到有效控制，结构不再呈显著下凹变形形状，顺、横坡向最大层间位移角的位置均向上转移，上接地柱的层间变形明显减小，结构无显著薄弱层存在；对结构整体扭转效应影响较小，但减弱了上接地层的扭转效应；结构的承载力提高。该配筋加强措施可有效提高掉层 RC 框架结构的抗震性能，同时也表明了掉层 RC 框架结构破坏机制对上接地柱的破坏次序和破坏程度的敏感性。

8.4　小　　结

本章将依据《山地建筑结构设计标准》（JGJ/T 472—2020）的规定进行配筋调整的模型 D2K1-S 与模型 D2K1 的振动台试验结果进行对比分析，主要得到以下结论。

配筋加强后，结构上接地柱的破坏次序延后，破坏程度减弱，避免了局部构件变形较大对结构的不利影响；掉层部分的破坏大大减轻，但模型上部结构裂缝有所增加。《山地建筑结构设计标准》（JGJ/T 472—2020）中对上接地柱和掉层部分柱及上接地层非接地柱的配筋加强显著提高了结构整体的承载力，有效控制了结构掉层部分及上接地柱的损伤程度；结构损伤上移且无显著薄弱层存在，具有更好的整体性，表明了掉层结构破坏机制对上接地柱的破坏次序和破坏程度的敏感性。

第9章 上接地抗侧力构件约束放松的山地掉层框架结构地震响应分析

山地掉层结构的地震破坏机制对上接地柱的破坏次序和破坏程度较为敏感。为改善山地掉层结构的地震破坏机制，提出在上接地构件的底部设置滑动支座，以避免上接地抗侧构件总是先于其他构件破坏的情况。本章在掉层框架结构上接地柱底部设置双向滑动支座，研究其对山地掉层钢筋混凝土结构地震响应的影响。

9.1 设置上接地滑动支座的数值模拟研究

9.1.1 分析模型

借鉴周晓燕[69]所述的掉层框架结构底部抗侧刚度比的改进计算方法，将掉层 P_1 部分刚度 K_1 与坎上 P_2 部分的柱刚度 K_2 之比定义为左右刚度比；将掉层 P_1 部分刚度 K_1 与坎上 P_2 部分的柱刚度 K_2 之和定义为掉层结构底部总刚度 $K_{底总}$，掉层结构底部总刚度 $K_{底总}$ 与上接地2层刚度 $K_{上二}$ 之比定义为层刚度比，如图9.1所示。具体计算方法参见文献[69]。

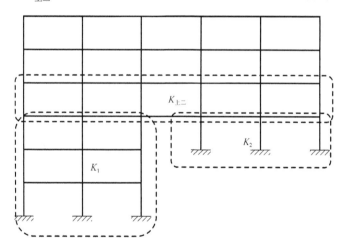

图 9.1 掉层框架结构底部刚度等效示意图

设计5组层刚度比不变、左右刚度比按等比例递增，且每组结构上接地方式分别为普通固接和双向滑动支座连接的掉层框架结构。层数为总6层，掉层数2层，层高均为3.0m；横坡向为2跨，跨度均为6.0m，顺坡向依据设计算例的左右刚度比的不同，且保证掉层跨数比大于3/5，依次设计为3跨掉2跨、4跨掉3跨、5跨掉4跨、5.5跨掉4.5跨、6.5跨掉5.5跨，跨度为6.0m，其中0.5跨表明跨度为3m的情形。抗侧刚度分布见表9.1，以普通固接模型的刚度分布情况表征。

表 9.1 掉层框架抗侧刚度分布情况

算例分组	算例名称	层刚度比	层刚度比增幅/%	左右刚度比	左右刚度比增幅/%
1	D2K2GU	0.5694		1.27	
	D2K2HUA				
2	D2K3GU	0.5676	−0.32	1.86	46
	D2K3HUA				
3	D2K4GU	0.5690	−0.07	2.46	94
	D2K4HUA				
4	D2K4.5GU	0.5686	−0.14	3.15	148
	D2K4.5HUA				
5	D2K5.5GU	0.5692	−0.04	3.75	195
	D2K5.5HUA				

注: 算例名称中 D 和 K 后面的数字分别表示掉层层数和掉跨数, GU 表示掉层框架结构上接地方式为固接, HUA 表示上接地方式为双向滑动支座连接。如算例命名 D2K2GU 即表明上接地方式为固接形式的掉两层两跨的掉层框架结构。

9.1.2 影响规律

1. 层间位移角

罕遇地震作用下各模型的顺坡向、横坡向掉层侧及横坡向上接地侧的层间位移角曲线如图 9.2 所示, 图中将上接地层作为 1 层。

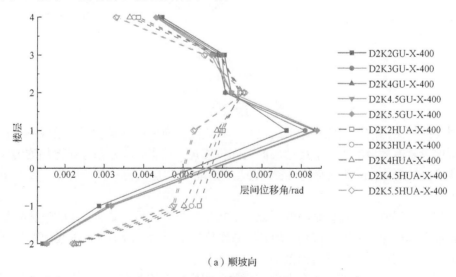

（a）顺坡向

图 9.2 掉层框架结构弹塑性层间位移角曲线

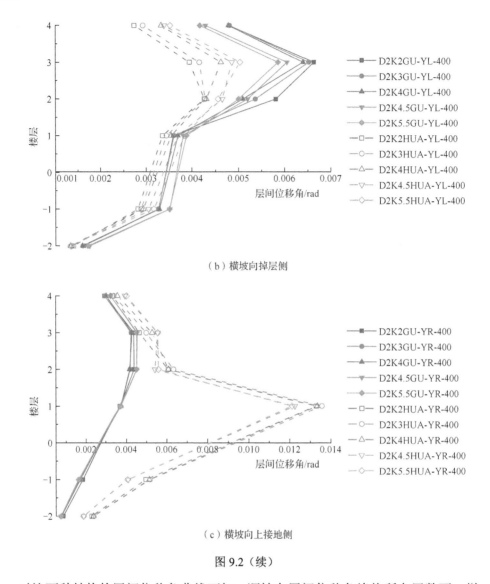

（b）横坡向掉层侧

（c）横坡向上接地侧

图 9.2（续）

  对比两种结构的层间位移角曲线可知，顺坡向层间位移角峰值所在层数不一样，滑动支座的设置有效地减小了上接地层的层间位移角，且层间位移角分布更加均匀。随着左右刚度比的增大，滑动支座的设置对掉层结构顺坡向层间位移角的影响主要在上接地层和掉层部分。

  横坡向掉层侧层间位移角峰值均处于上接地 2 层和 3 层。滑动支座的设置有效地减少了横坡向掉层侧的层间位移角。随着左右刚度比的增大，滑动支座的设置对掉层结构各层横坡向掉层侧层间位移角的改善作用逐渐减小。

  设置滑动支座的模型横坡向上接地侧的层间位移角均比普通掉层框架结构大，主要表现为设置滑动支座的模型在上接地层的层间位移角值突出。随着左右刚度比的增大，上接地层及掉层部分的横坡向上接地侧层间位移角的突变趋势得到了部分的控制。

  对于带滑动支座的掉层框架结构，当层刚度比不变，随左右刚度比的增加，上接地层及掉层部分的顺坡向位移角逐渐减小，且开始减幅十分明显，至刚度比达到 3.15 时曲线几乎贴合。结构最大层间位移角随着左右刚度比的增加而逐渐增大，这是由于随着掉层部分刚度占比的增加，上接地层的刚度占比相对减小，而水平荷载作用下，上接地层为主要受力构件，从而导致层间位移角峰值增加。随着左右刚度比的增加，上接地层及掉层部分的横坡向上接地侧位移角逐渐减小（包括最大层间位移角值），上部楼层的横坡向上接地侧层间位移角值有小幅增加，但从整体上看来，曲线仅在上接地层和相邻上层的变化较为明显。

取层间位移角的均值，探究在左右刚度比变化的情形下，有无滑动支座两类模型最大层间位移角、上接地层层间位移角的变化情况，如图 9.3 所示。

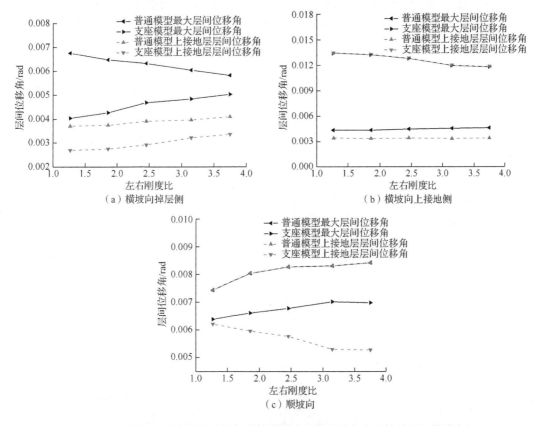

图 9.3　不同左右刚度比掉层框架结构的最大层间位移角与上接地层间位移角

由图 9.3 可知，对顺坡向，随着左右刚度比的增大，滑动支座使得结构的最大层间位移角减小，且减小率基本一致，为 15%左右，刚度比为 2.46 时减幅最大；上接地层层间位移角减小，且减小趋势逐渐增大，从 16.44%上升至 37.29%。对横坡向掉层侧向，随着左右刚度比的增大，滑动支座使得结构的最大层间位移角减小，且减小趋势减小，从 40.21%下降到 13.6%；上接地层该方向的层间位移角减小，且减小趋势减小，从 27.21%下降到 18.15%。对横坡向上接地侧，滑动支座使得结构的最大层间位移角及上接地层层间位移角陡然增大，随着左右刚度比的增大，最大层间位移角增幅减小，但仍是超 1

倍增长,上接地层层间位移角增幅减小,但仍是超2倍增长。顺坡向及横坡向掉层侧受左右刚度比的影响较横坡向上接地侧显著。

2. 楼层剪力

结构在罕遇地震作用下的层剪力如图9.4所示。普通掉层框架结构的层剪力曲线在上接地层与掉层之间发生突变,最大层剪力位于上接地层;设置滑动支座后,结构的层剪力自上而下逐渐增加,最大层剪力位于下接地层。

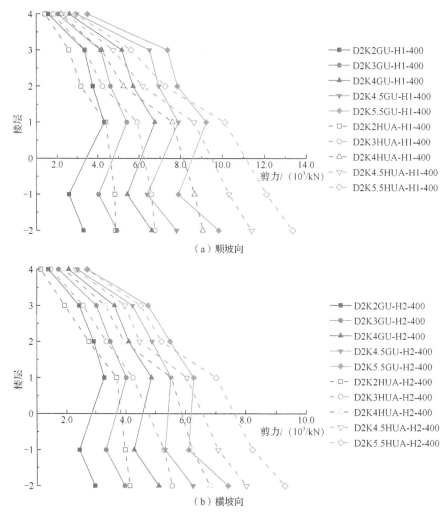

图9.4 掉层框架结构弹塑性楼层剪力

层刚度比不变,随着左右刚度比的增加,两种结构的楼层剪力均匀增加,设置滑动支座的模型下接地层层剪力大于普通固接模型。

以上接地层为例,考察时程分析过程中上接地层剪力达到峰值的时刻,上接地层总剪力和上接地柱分担该层剪力的比例随左右刚度比增大的变化趋势,如图9.5所示。

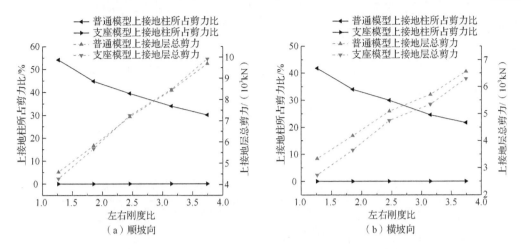

图 9.5　不同左右刚度比的掉层框架结构弹塑性上接地层总剪力与上接地柱剪力占比

随着左右刚度比的增大，普通掉层结构上接地层总剪力增大，上接地柱剪力比减小。随着左右刚度比的增大，滑动支座的设置使得上接地层顺坡向总剪力较普通模型在左右刚度比小于 1.86 时减少，大于 1.86 时增大，上接地层横坡向总剪力始终减少，但减幅逐渐减缓，从 18.12% 变化到了 4.07%，上接地柱两方向剪力占比的减幅也趋于平缓。在左右刚度比为 1.27 时，设置滑动支座后上接地层横坡向及顺坡向的总剪力减幅最大，上接地柱两方向剪力占比的减幅也是最大的。

3. 结构损伤分布

两种结构在罕遇地震作用下损伤分布表现出了各自相似的规律。以模型 D2K2 为例，两模型的钢筋纤维应变结果如图 9.6 所示。图 9.6 中白色、蓝色、绿色、黄色和红色构件分别表示此构件钢筋纤维应变为 0～0.5、0.5～1、1～1.5、1.5～2 和大于 2 倍钢筋屈服应变。

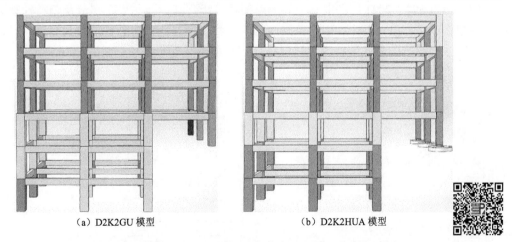

(a) D2K2GU 模型　　　　　　　　　(b) D2K2HUA 模型

图 9.6　设置滑动支座与否的掉层框架结构柱钢筋纤维应变

普通掉层框架结构框架柱一般破坏在上接地部分，且上接地 2 层、3 层非接地侧柱也较容易破坏，形成"Z"字形破坏路径。将上接地方式改成双向滑动支座连接时，上接地柱的约束部分释放，地震作用下上接地层的剪力全分配给了非接地柱，上接地柱所受地震作用急剧减小，不再是地震作用下的薄弱部分，但由于掉层部分承担了几乎全部的地震作用，导致掉层部分构件的钢筋纤维应变显著增加，结构塑性由掉层部分逐渐往上部楼层发展，破坏模式发生改变。

选取典型构件：上接地角柱、上接地层掉层侧角柱、上接地 2 层上接地侧角柱、下接地角柱，提取构件钢筋纤维应变、判定归类构件损伤破坏程度，对比 Taft 波作用下损伤情况，见表 9.2。

表 9.2 不同左右刚度比结构的局部构件钢筋应变损伤情况对比

左右刚度比	上接地角柱		上接地层掉层侧角柱		上接地 2 层上接地侧角柱		下接地角柱	
	固接	滑动支座	固接	滑动支座	固接	滑动支座	固接	滑动支座
1.27	3.65	0.52	0.28	0.48	1.62	3.07	0.87	2.29
1.88	3.96	0.53	0.28	0.40	1.66	3.29	0.96	1.73
2.46	3.97	0.97	0.32	0.38	1.71	4.16	1.09	1.67
3.15	4.11	1.05	1.28	2.52	2.10	4.18	1.45	2.21
3.75	4.16	1.06	1.46	2.49	2.13	4.53	1.64	2.98

随左右刚度比增加，上接地角柱的钢筋应变依次增大，改变上接地柱底为滑动支座时，上接地角柱钢筋损伤应变均大幅下降；上接地层非接地侧角柱的钢筋损伤应变依次增大，上接地层掉层侧角柱的钢筋损伤应变在左右刚度比从 2.46 到 3.15 的区间变化时大幅增加，设置滑动支座后上接地层掉层侧角柱钢筋应变有所增加，但随左右刚度比变化的规律不变；上接地 2 层上接地侧角柱、下接地角柱钢筋损伤应变依次增大，增加滑动支座后上接地 2 层上接地侧角柱钢筋损伤越发严重，下接地角柱钢筋损伤应变亦增大。

列出地震响应最为强烈的 Taft 波的时程分析结果，按照《建筑结构抗倒塌设计标准》(T/CECS 392—2021)[70]中规定的地震损坏等级判别标准，重新判定及归类各算例柱构件损伤破坏程度，统计各损伤范围内的构件数占各算例各层总构件数百分比，得到算例在罕遇地震下的各楼层柱损坏情况统计图，如图 9.7 所示。

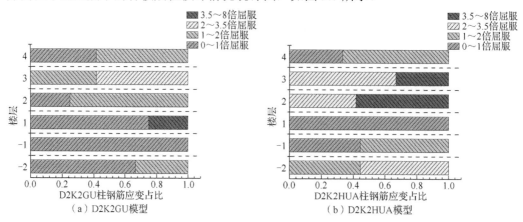

图 9.7 不同左右刚度比的掉层框架结构柱构件损坏情况统计图

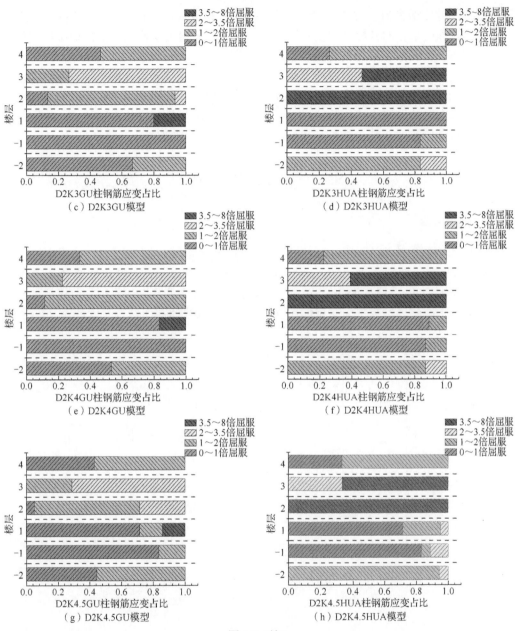

图 9.7（续）

　　在普通掉层框架模型中，随着左右刚度比的增加，上接地层柱构件损坏情形有所改善，当左右刚度比为 1.27 时，上接地层 25% 的柱中度损坏，75% 的柱无损坏，而当左右刚度比增大到 3.75 时，上接地层仅 13% 的柱中度损坏，13% 的柱轻微损坏，其余柱无损坏；其余上部结构（上接地相邻上层至顶层）及掉层部分的柱构件损伤程度随着左右刚度比的增加而逐渐加深。

　　在设置滑动支座模型中，随着左右刚度比的增加，上部结构的柱构件损伤程度逐渐增加，上接地层柱构件损坏加剧。当左右刚度比为 1.27 时，上接地层柱构件均无损坏，而当左右刚度比增大到 3.75 时，上接地层 4%的柱轻度损坏，17%的柱轻微损坏，其余柱无损坏。掉层部分的柱构件损伤程度逐渐减小。设置滑动支座后，上接地层柱构件损伤明显减小，但其余各层柱构件损伤程度均有所增加。

综上所述，增加滑动支座使得上接地边柱和角柱钢筋应变均大幅下降，不再成为整体结构中最薄弱构件，但上接地层非接地侧边柱和角柱、上接地 2 层非接地侧边柱和角柱、上接地 2 层接地侧边柱和角柱以及下接地层柱钢筋损伤应变均有所增大，特别是上接地 2 层接地侧和非接地侧边柱和角柱成为损伤较为严重部位。

9.2 振动台试验研究

9.2.1 试验方案

试验的原型结构为上接地柱底设置滑动支座的山地掉层框架结构。结构中梁截面 300mm×600mm，柱截面为 600mm×600mm、700mm×700mm 两种，现浇楼板厚度为 140mm，跨度为 6m，层高为 3m，荷载布置、抗震设防要求及设计原则与前述振动台试验模型 D2K1 一致。结构平面布置如图 9.8 所示，B 轴线的立面结构尺寸如图 9.9 所示。

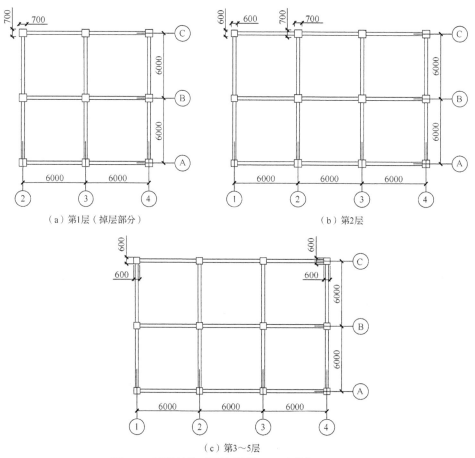

（a）第1层（掉层部分） （b）第2层

（c）第3～5层

图 9.8 原型结构平面布置图（尺寸单位：mm）

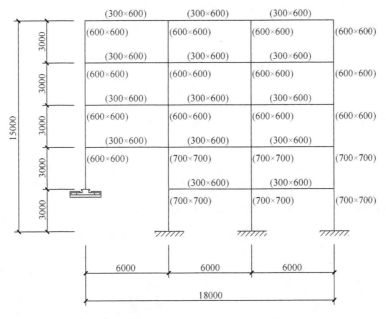

图 9.9　B 轴线的立面结构尺寸（尺寸单位：mm）

　　模型的相似关系、输入地震波、测点布置原则，以及加载制度均与前述振动台试验模型 D2K1 一致，加载工况的命名信息见表 9.3。

表 9.3　试验加载工况

工况序号	命名	工况序号	命名	工况序号	命名
1	W1	17	F8UYX	33	B8RXYZ
2	F8WX	18	F8TX	34	B8UXYZ
3	F8WY	19	F8TY	35	W3
4	F8WXY	20	F8TXY	36	BP8UXYZ
5	F8WYX	21	F8TYX	37	BP8RXYZ
6	F8AX	22	F8WXYZ	38	W4
7	F8AY	23	F8WYXZ	39	R8RXYZ
8	F8AXY	24	F8RXYZ	40	W5
9	F8AYX	25	F8RYXZ	41	RP8RXYZ
10	F8RX	26	F8UXYZ	42	W12
11	F8RY	27	F8UYXZ	43	R9RXYZ
12	F8RXY	28	F8TXYZ	44	W13
13	F8RYX	29	F8TYXZ	45	R10RXYZ
14	F8UX	30	W2	46	W14
15	F8UY	31	B8AX	47	R11RXYZ
16	F8UXY	32	B8AXY	48	W15

9.2.2　试验现象

根据模型结构不同楼层及重点考察部位分类汇总试验现象。为方便描述，对梁柱构件编号，其编号由楼层层数及轴线定位两者决定。参照图 9.8 原型结构平面布置图中的轴线定位，编号示例：柱 1C 节点，表示轴线 1 与轴线 C 相交处的柱。

1）下接地框架柱（掉层 2 轴、3 轴、4 轴框架柱）

模型下接地柱在相当于原型结构的 8 度设防烈度地震 PGA=0.2g 作用后，新增及发展部分裂缝，后续地震动持续激励下，裂缝不断延伸加宽，柱体及梁端部新增各种形式裂缝，最终所有下接地柱近柱底处微粒混凝土均被不同程度地压碎并剥落，甚至有部分柱体底部铁丝裸露。下接地柱的损伤如图 9.10 所示。

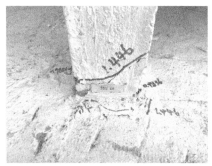
（a）下接地柱 2A 柱底损伤情况

（b）下接地柱 2C 柱底损伤情况

（c）下接地柱 3A 柱底损伤情况

（d）下接地柱 3C 柱底损伤情况

（e）下接地柱 4A 柱底损伤情况

（f）下接地柱 4C 柱底损伤情况

图 9.10　下接地柱的损伤

2）上接地框架柱（上接地层 1 轴框架柱）

模型上接地柱中，在 R10RXYZ 作用后才在上接地层 1A 柱底产生细微裂缝，直至加载结束，其余柱体也无可见裂缝，且未出现微粒混凝土剥落的情况。上接地柱的损伤如图 9.11 所示。

（a）上接地柱 1A 柱底损伤情况

（b）上接地柱 1C 柱底损伤情况

（c）上接地柱 1A 柱损伤情况

（d）上接地柱 1C 柱损伤情况

图 9.11　上接地柱的损伤

3）下接地层柱顶

在加载过程中，模型下接地层柱顶端、底端、部分梁中部及梁端部处出现多条裂缝，裂缝形式多样，有水平向裂缝、竖向裂缝、斜裂缝及环绕型裂缝，并且加载结束后，裂缝宽度与微粒混凝土被压碎程度很大。下接地柱顶部节点的损伤如图 9.12 所示。

（a）掉层柱 2A 顶部节点损伤情况

（b）掉层柱 2C 顶部节点损伤情况

图 9.12　下接地柱顶部节点的损伤

（c）掉层柱 3A 顶部节点损伤情况　　　　　　　（d）掉层柱 3C 顶部节点损伤情况

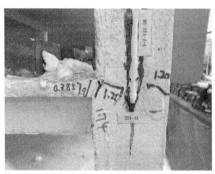

（e）掉层柱 4A 顶部节点损伤情况　　　　　　　（f）掉层柱 4C 顶部节点损伤情况

图 9.12（续）

4）上接地层柱顶

模型上接地层中，模型的 1 轴柱体由于与岩基通过双向滑动支座相连，整个加载过程后几乎无可见裂缝，仅少量涂料表层出现开裂，而在 2 轴、3 轴、4 轴上柱顶端与上一层楼板相连位置，还有梁中部及梁端部新增多条裂缝，且部分柱体中部产生水平向裂缝。第 1 层构件的损伤如图 9.13 所示。

（a）第 1 层 1A 节点损伤情况　　　　　　　（b）第 1 层 1C 节点损伤情况

图 9.13　第 1 层构件的损伤

（c）第 1 层 2A 节点损伤情况

（d）第 1 层 2C 节点损伤情况

（e）第 1 层 3A 节点损伤情况

（f）第 1 层 3C 节点损伤情况

（g）第 1 层 4B 节点损伤情况

（h）第 1 层 4C 节点损伤情况

图 9.13（续）

5）第 2 层

模型的裂缝多在相当于原型结构的 8 度设防烈度地震 PGA=0.2g 作用后出现，在 2 轴、3 轴、4 轴上第 3 层柱底与第 2 层楼板相连位置、部分梁中部及梁端部新增多条水平向裂缝、竖向裂缝、斜裂缝，且部分柱体中部也出现水平向裂缝。加载结束后，本层节点破坏情况较为严重。第 2 层构件的损伤如图 9.14 所示。

（a）第 2 层 1A 节点损伤情况

（b）第 2 层 1C 节点损伤情况

（c）第 2 层 2A 节点损伤情况

（d）第 2 层 2C 节点损伤情况

（e）第 2 层 3A 节点损伤情况

（f）第 2 层 3C 节点损伤情况

（g）第 2 层 4A 节点损伤情况

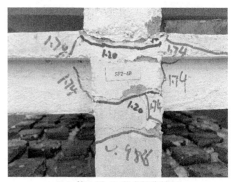

（h）第 2 层 4B 节点损伤情况

图 9.14　第 2 层构件的损伤

6）第 3 层、第 4 层

模型在此 2 层节点开裂与整体破坏情况较轻，整个加载过后几乎无可见裂缝，仅少量涂料表层出现开裂。第 3 层、4 层构件的损伤如图 9.15 所示。

（a）第 3 层 1A 节点损伤情况

（b）第 3 层 2C 节点损伤情况

（c）第 3 层 3A 节点损伤情况

（d）第 3 层 4A 节点损伤情况

（e）第 4 层 2A 节点损伤情况

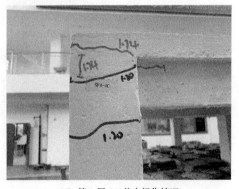

（f）第 4 层 4C 节点损伤情况

图 9.15　第 3 层、4 层构件的损伤

整个加载制度结束后，X 向、Y 向模型结构的整体破坏情况如图 9.16 所示。

（a）模型 X 方向（横坡向）

（b）模型 Y 方向（顺坡向）

（c）上接地柱损伤情况

（d）掉层部分损伤情况（顺坡向）

（e）掉层部分损伤情况（横坡向）

图 9.16   模型结构的整体破坏情况

9.2.3   试验数据处理

1. 动力特性

本次试验在各水准地震作用后分别进行了白噪声扫频，得到模型在不同水准地震输入前后的 1 阶周期，见表 9.4。

表 9.4　不同水准地震后模型 1 阶周期

白噪声工况	顺坡向周期/s	横坡向周期/s
1	0.124	0.122
30	0.126	0.125
35	0.148	0.140
38	0.175	0.163
40	0.198	0.183
42	0.201	0.196
44	0.268	0.254
46	0.325	0.368
48	0.389	0.411

由表 9.4 可知，试验前模型两个方向的 1 阶周期分别为 0.124s、0.122s，相差较小，表明模型在两个主方向的侧向刚度相近。随着地震动强度的提高，模型的 1 阶周期逐步增大，所有工况结束后，模型的 1 阶周期分别增大 213.7%、236.9%，整个加载过程中模型刚度退化十分明显，损伤显著累积。

前期地震作用下，模型顺坡向的周期普遍大于横坡向，且值相差不大，R9RXYZ 工况后，横坡向的一阶周期增大显著。R10RXYZ 工况后，模型横坡向的 1 阶周期反超顺坡向，此时模型横坡向的刚度退化比顺坡向严重。

2. 加速度反应

为直观地反映各地震工况下模型的加速度放大效应，将模型结构各层加速度反应的动力放大系数 K（同一工况下模型各层的实测加速度反应峰值与底座处最大实测加速度反应值之比）沿楼层高度绘制成折线图，按地震强度分别得到测点 P_1 和测点 P_2 的结果，其中 1A 轴线上测点 P_1 处各楼层动力放大系数 K 曲线如图 9.17 和图 9.18 所示（1 层的数据来自 2A 轴线的掉层部分），X 对应顺坡向，Y 对应横坡向。

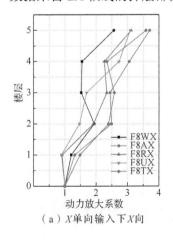
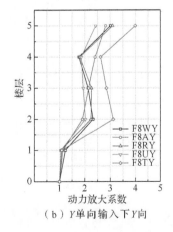
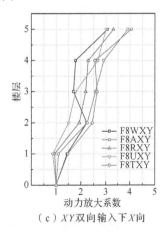

（a）X 单向输入下 X 向　　（b）Y 单向输入下 Y 向　　（c）XY 双向输入下 X 向

图 9.17　第 1 加载阶段各楼层加速度放大系数

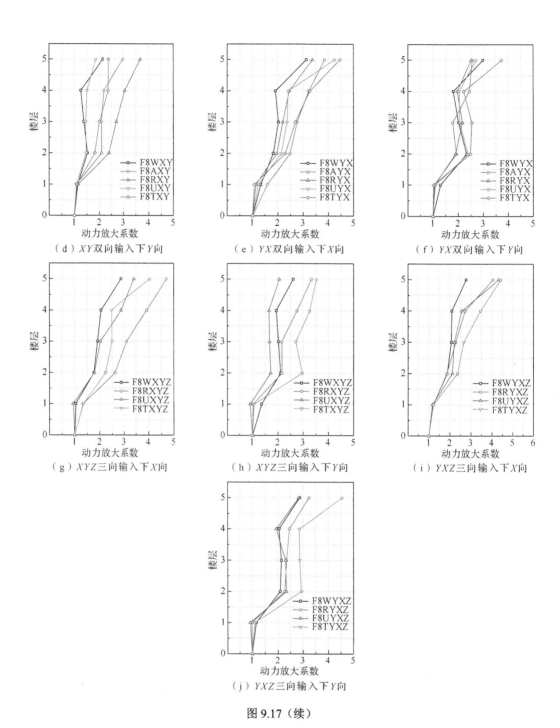

（d）*XY*双向输入下*Y*向

（e）*YX*双向输入下*X*向

（f）*YX*双向输入下*Y*向

（g）*XYZ*三向输入下*X*向

（h）*XYZ*三向输入下*Y*向

（i）*YXZ*三向输入下*X*向

（j）*YXZ*三向输入下*Y*向

图9.17（续）

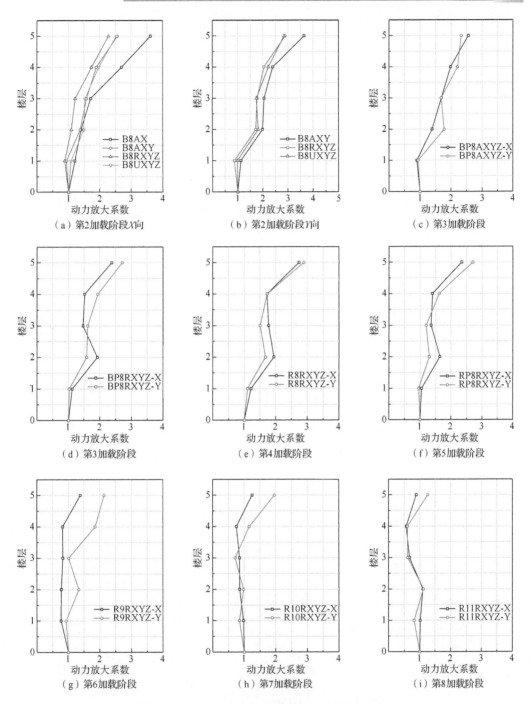

图 9.18　第 2～8 加载阶段各楼层加速度放大系数

4C 轴线上测点 P_2 处各楼层动力放大系数 K 曲线如图 9.19 和图 9.20 所示。

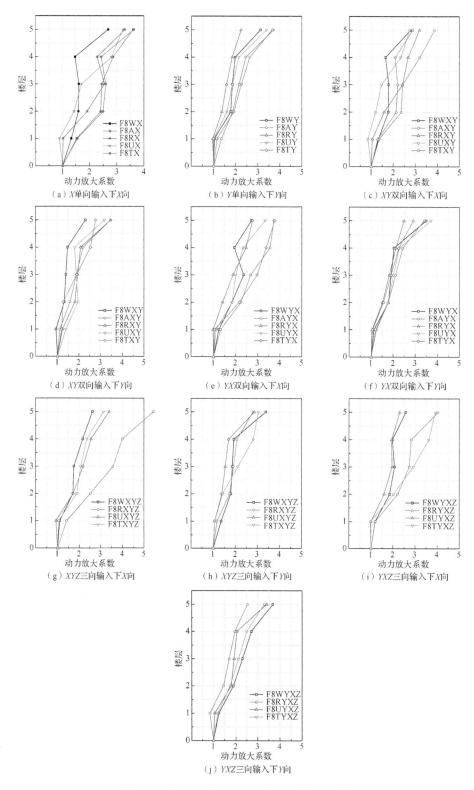

图 9.19 第 1 加载阶段各楼层加速度放大系数

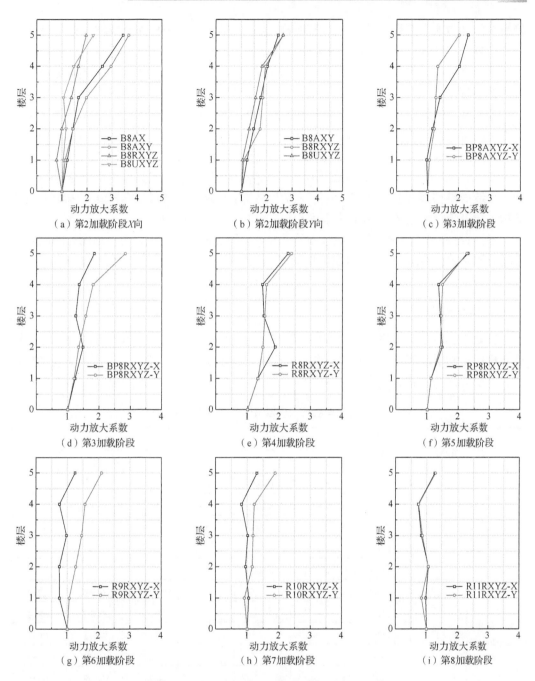

图 9.20　第 2～8 加载阶段各楼层加速度放大系数

由模型的动力放大系数曲线图分析可得以下结论。

（1）在上接地处设置滑动支座的掉层框架模型在 1A 轴线处的动力放大系数呈现出与普通掉层框架结构类似的规律。由于 1A 轴线为结构的上接地范围内的轴线，仅有 2～5 层的试验输出数据，因此选取 2A 轴线掉 1 层处的加速度响应值与之结合进行数据处理。汇总可得：在不同水准及同一水准不同工况地震激励作用下，模型顺坡向及上接地侧横坡向动力放大系数 K 在 1～2 层部分较大，在第 3 层表现出减小或增长幅度显著减缓的趋势，在结构的 4～5 层则随着楼层高度增加而持续增长。此现象表明，模型上接地处通过滑动支座与模拟岩基相连可在平面内自由滑动，刚度突减，导致其动力放大效应显著提升，模型上接地处的 K 值大于掉层部位。

（2）在上接地处设置滑动支座的掉层框架模型在 4C 轴线处的动力放大系数呈现出与框架结构类似的规律，即在整体上随楼层的增加而增大。试验模型在各工况的激励下，动力放大系数 K 在 1～2 层增幅较大，2～4 层表现出小幅度减小或增长幅度减缓的趋势，在 4～5 层增幅则再次变大，并在顶层测点处 K 达到最大值。究其原因可能是滑动支座的作用造成结构薄弱层的转移，使得下接地层及上接地 2 层的破坏略严重，因此模型在结构 1 层及上接地层的 K 值变化幅度小。

（3）1A 和 4C 两轴线处曲线分布的差异表明了试验结构在上、下接地面处的地震作用动力放大效应不同，但随着地震强度的增大，两轴线处的动力放大系数均有一定程度的减小。

3. 位移反应

试验中实测了模型底座、第 1 层、2 层及 5 层处的位移反应，得到不同加载阶段模型各楼层相对于底座的最大相对位移，见表 9.5。在第 7、8 加载阶段，出于安全考虑，已去除了拉线式位移计。

表 9.5 带支座掉层框架模型结构各楼层的最大相对位移

地震烈度	输入方向	地震工况	顺坡向/mm			横坡向/mm		
			1 层	2 层	5 层	1 层	2 层	5 层
第 1 加载阶段	X 向	F8WX	0.272	0.484	1.017			
		F8AX	0.356	0.709	1.595			
		F8RX	0.415	0.699	1.472			
		F8UX	0.292	0.646	1.744			
		F8TX	0.297	0.660	1.449			
	Y 向	F8WY				0.214	0.589	1.219
		F8AY				0.210	0.496	0.980
		F8RY				0.171	0.615	1.068
		F8UY				0.228	0.744	1.380
		F8TY				0.243	0.859	1.535
	XY 向	F8WXY	0.299	0.614	1.037	0.223	0.418	0.826
		F8AXY	0.308	0.744	1.715	0.282	0.589	1.156
		F8RXY	0.338	0.751	1.428	0.299	0.647	1.212
		F8UXY	0.292	0.664	1.616	0.198	0.430	0.875
		F8TXY	0.307	0.658	1.507	0.201	0.658	1.305

续表

地震烈度	输入方向	地震工况	顺坡向/mm			横坡向/mm		
			1层	2层	5层	1层	2层	5层
第1加载阶段	YX向	F8WYX	0.275	0.583	1.131	0.206	0.750	1.317
		F8AYX	0.310	0.683	1.453	0.212	0.666	1.176
		F8RYX	0.299	0.573	1.223	0.365	0.646	1.070
		F8UYX	0.240	0.428	0.921	0.214	0.726	1.255
		F8TYX	0.318	0.810	1.809	0.272	0.825	1.397
	XYZ向	F8WXYZ	0.345	0.590	1.066	0.216	0.519	0.875
		F8RXYZ	0.446	0.703	1.786	0.224	0.703	1.414
		F8UXYZ	0.360	0.605	1.445	0.206	0.563	0.864
		F8TXYZ	0.312	0.724	1.539	0.302	0.784	1.509
	YXZ向	F8WYXZ	0.427	0.604	1.044	0.223	0.768	1.300
		F8RYXZ	0.275	0.528	1.185	0.360	0.804	1.482
		F8UYXZ	0.248	0.517	1.043	0.241	0.805	1.358
		F8TYXZ	0.330	0.773	1.552	0.287	1.090	1.686
第2加载阶段		B8AX	0.636	1.788	4.793			
		B8AXY	1.005	2.290	4.610	0.788	1.853	4.408
		B8RXYZ	1.541	2.092	4.889	0.714	2.182	4.186
		B8UXYZ	0.682	1.911	4.347	0.524	2.170	3.916
第3加载阶段		BP8UXYZ	1.591	2.967	7.095	1.422	3.726	6.805
		BP8RXYZ	2.082	3.433	6.048	1.152	3.403	7.162
第4加载阶段		R8RXYZ	1.640	3.067	8.356	1.473	4.708	9.451
第5加载阶段		RP8RXYZ	2.976	4.076	8.696	1.818	6.637	14.382
第6加载阶段		R9RXYZ	4.851	6.362	15.713	3.589	10.795	24.134

对表9.5分析可知:①不同地震动作用时,模型地震反应的差异程度不同,表明多维地震作用对结构地震反应的影响与地震动特性相关。在第1加载阶段的不同地震单向、双向和三向作用下,上接地柱底部设置滑动支座的掉层框架模型的位移反应均有不同;三向地震作用时的位移反应在大多数情况下大于双向地震作用。②模型位移反应沿楼层增加而不断增大,随地震强度提高,模型各层相对位移不断增大。此外,在第5加载阶段中,模型各层相对位移较上一地震强度时突增,说明结构在此阶段受到了较大损伤及破坏。

将加速度计结果积分得到楼层位移,第2~8加载阶段中部分工况的层间位移角见表9.6和表9.7。

表9.6　不同工况模型各楼层的顺坡向层间位移角

地震工况	1 层	2 层	3 层	4 层	5 层
B8AX	1/590	1/210	1/298	1/292	1/783
B8AXY	1/373	1/164	1/322	1/386	1/480
B8RXYZ	1/243	1/179	1/285	1/348	1/377
B8UXYZ	1/550	1/196	1/304	1/299	1/451
BP8UXYZ	1/236	1/126	1/181	1/217	1/337
BP8RXYZ	1/180	1/109	1/220	1/245	1/262
R8RXYZ	1/229	1/122	1/172	1/185	1/159
RP8RXYZ	1/126	1/92	1/118	1/147	1/114
R9RXYZ	1/77	1/59	1/83	1/72	1/79
R10RXYZ	1/68	1/40	1/56	1/51	1/63
R11RXYZ	1/66	1/33	1/30	1/30	1/46

表9.7　不同工况模型各楼层的横坡向层间位移角

地震工况	1 层	2 层	3 层	4 层	5 层
B8AX	1/476	1/202	1/265	1/292	1/561
B8AXY	1/525	1/172	1/176	1/224	1/548
B8RXYZ	1/715	1/173	1/282	1/314	1/856
B8UXYZ	1/264	1/101	1/195	1/179	1/372
BP8UXYZ	1/325	1/110	1/168	1/176	1/359
BP8RXYZ	1/255	1/80	1/125	1/140	1/299
R8RXYZ	1/206	1/57	1/88	1/95	1/192
RP8RXYZ	1/104	1/35	1/53	1/51	1/123
R9RXYZ	1/83	1/27	1/40	1/36	1/68
R10RXYZ	1/56	1/22	1/30	1/24	1/57

由表 9.6 和表 9.7 可知，地震激励的差异性导致模型产生的层间位移角不一，但从整体趋势来看，模型的各层顺坡向层间位移角呈现先增大后减小的规律，多数工况中第 2 层即上接地层处达到最大值。在最后的加载工况中，第 3 层的层间位移角最大。表明结构在上接地层变形集中，也印证了试验现象中上接地 2 层的严重损伤情况。随地震强度增大，层间位移角整体呈增大趋势。在 R9RXYZ 工况中，模型顺、横坡向的最大层间位移角均已超过抗规中弹塑性层间位移角限值 θ_p（$\theta_p = 1/50$），此时结构已严重破坏。

9.3　小　　结

本章通过数值模拟和振动台试验对上接地底部设置滑动支座的山地掉层钢筋混凝土的地震响应及破坏情况进行了研究，主要得到以下结论。

（1）双向滑动支座对于减弱掉层框架结构在地震作用下上接地柱的破坏情况有显著效果，但使得地震作用下掉层部分及上部 2 层、3 层的构件损伤加重，整体破坏主要发生在上接地 2 层接地侧与非接地侧边柱，柱底混凝土剥落严重。

（2）设置滑动支座的掉层框架结构的抗震性能针对不同的评价指标改善效果不一，与国家现行规范关于上接地部分较少时可在上接地竖向构件采用滑动支座形成上接地滑动脱开式的规定有区别，建议实际工程中使用滑动支座前进行合理的评估分析。

（3）设置双向滑动支座调整了原有结构的内力分布，改变了结构的破坏模式，对改善结构整体的抗震性能有利有弊。

参 考 文 献

[1] 汪大绥, 陆道渊, 陆益鸣, 等. 世茂深坑酒店总体结构设计[J]. 建筑结构, 2011, 41(12): 76-82.

[2] 赵宏, 林海, 冯文琪, 等. 贵阳山地条件下特殊高层建筑结构设计[J]. 建筑结构, 2014, 44(24): 37-42.

[3] 陈晓东, 肖志斌, 邵剑文. 杭州电子科技大学信息工程学院图书馆结构设计[J]. 建筑结构, 2019, 49(13): 53-57.

[4] 夏世群, 戴西行, 张光义, 等. 回字形环山地建筑结构设计[J]. 建筑结构, 2021, 51(12): 38-43.

[5] 徐诗童, 余文柏. 重庆某连续斜坡上带核心筒的框架-剪力墙掉层结构基础嵌固设计[J]. 建筑结构, 2020, 50(11): 96-102.

[6] 李英民, 刘立平, 韩军. 山地建筑结构基本概念与性能[M]. 北京: 科学出版社, 2016.

[7] 王丽萍, 李英民, 郑妮娜, 等. 5·12汶川地震典型山地建筑结构房屋震害调查[J]. 西安建筑科技大学学报 (自然科学版), 2009, 41(6): 822-826.

[8] 潘毅, 王忠凯, 时胜杰, 等. 尼泊尔 8.1 级地震加德满都一樟木沿线民居震害调查与分析[J]. 湖南大学学报 (自然科学版), 2017, 44(3): 35-44.

[9] 赵耀. 掉层结构动力特性及整体抗倾覆分析[D]. 重庆: 重庆大学, 2011.

[10] 吴茜玲, 李英民, 唐洋洋. 山地掉层框架结构振型分解法合理振型数的研究[J]. 结构工程师, 2020, 36(5): 81-88.

[11] 杨佑发, 王一功, 李元初. 山区台地框架建筑抗震性能研究[J]. 振动与冲击, 2007, 26(6): 36-40.

[12] SURANA M, SINGH Y, LANG D H. Effect of irregular structural configuration on floor acceleration demand in hill-side buildings[J]. Earthquake Engineering & Structural Dynamics, 2018, 47(10): 2032-2054.

[13] SURANA M, SINGH Y, LANG D H. Fragility analysis of hillside buildings designed for modern seismic design codes[J]. The Structural Design of Tall and Special Buildings, 2018, 27(14): e1500.

[14] SURANA M, SINGH Y, LANG D H. Seismic characterization and vulnerability of building stock in hilly regions[J]. Natural Hazards Review, 2018, 19(1): 4017024.

[15] 陈淼. 典型山地 RC 框架结构强震破坏模式及易损性分析[D]. 重庆: 重庆大学, 2015.

[16] 徐刚, 李爱群, 陈素芳. 山地掉层框架结构地震易损性分析[J]. 防灾减灾工程学报, 2017, 37(3): 341-347.

[17] 伍云天, 林雪斌, 李英民, 等. 山地城市掉层框架结构抗地震倒塌能力研究[J]. 建筑结构学报, 2014, 35(10): 82-89.

[18] 杨佑发, 杨天行, 陈前. 山地典型掉层框架结构抗连续倒塌性能分析[J]. 建筑结构, 2021, 51(11): 66-72.

[19] 赵炜. 掉层框架结构强震破坏模式研究[D]. 重庆: 重庆大学, 2012.

[20] XU G, LI A. Seismic performance and improvements of stepback steel frames[J]. Journal of Earthquake Engineering, 2021, 25(2): 163-187.

[21] 徐军. 掉层钢筋混凝土框架结构地震破坏机制研究[D]. 重庆: 重庆大学, 2019.

[22] 吴存雄. 基于破坏控制的掉层框架结构抗震设计方法研究[D]. 重庆: 重庆大学, 2017.

[23] 王一功, 杨佑发. 多层接地框架土-结构共同作用分析[J]. 世界地震工程, 2005, 21(3): 88-93.

[24] 赵瑞仙. 掉层结构的非线性抗震性能分析[D]. 重庆: 重庆大学, 2011.

[25] 徐军, 李英民, 赖永余, 等. 设有接地梁的掉层钢筋混凝土框架抗震性能试验及有限元分析[J]. 建筑结构学报, 2019, 40(12): 60-68.

[26] 韩军, 李英民, 唐格林, 等. 坡地掉层结构上接地支座形式对框架结构抗震性能的影响分析[J]. 土木工程学报, 2014, 47(S2): 93-100.

[27] 吕欢欢, 李英民. 不同支座形式的山地掉层结构易损性分析[J]. 建筑技术, 2016, 47(6): 504-508.

[28] 王旭. 山地掉层 RC 框架结构强震破坏失效模式分析[D]. 重庆: 重庆大学, 2016.

[29] 凌玲. 典型山地 RC 框架结构强震破坏模式与易损性分析[D]. 重庆: 重庆大学, 2016.

[30] 杨佑发, 梁婷, 谭曦. 主余震作用下山地掉层框架结构的损伤评估[J]. 重庆大学学报, 2019, 42(3): 25-36.

[31] 杨佑发, 肖淳, 谭曦. 主余震作用下山地掉层框架结构的易损性分析[J]. 地震工程学报, 2020, 42(2): 290-298.

[32] 杨佑发, 刘泳伶, 凌玲. 山区多层接地隔震框架结构的抗震性能研究[J]. 土木工程学报, 2014, 47(S1): 11-16.

[33] 孙英彬. RC 掉层框架结构基于位移的减震设计方法及性能分析[D]. 重庆: 重庆大学, 2017.

[34] 杨佑发, 刘议蓬, 梁婷. 山地掉层框架-摇摆墙结构抗震性能研究[J]. 建筑结构学报, 2020, 41(S1): 210-220.

[35] 唐显波. 典型山地 RC 框架结构的地震损伤机理[D]. 重庆: 重庆大学, 2015.

[36] 高艳纳. 山地 RC 掉层框架结构地震损伤评估及耗能机制分析[D]. 重庆: 重庆大学, 2016.

[37] 张辉. 山地掉层结构扭转控制措施研究[D]. 重庆: 重庆大学, 2016.

[38] 杨伯韬. 典型山地掉层框架结构抗震性能拟静力试验研究[D]. 重庆: 重庆大学, 2014.

[39] 赖永余. 带接地拉梁掉层框架结构抗震性能拟静力试验研究[D]. 重庆: 重庆大学, 2016.

[40] 李英民, 唐洋洋, 姜宝龙, 等. 山地掉层 RC 框架结构振动台试验研究[J]. 建筑结构学报, 2020, 41(8): 68-78.

[41] 唐洋洋, 李英民, 姜宝龙, 等. 设置水平接地构件的掉层 RC 框架结构振动台试验研究[J]. 土木工程学报, 2020,53(3): 28-37.

[42] 唐洋洋, 李英民, 韩军, 等. 配筋加强的掉层框架结构振动台试验研究[J]. 振动与冲击, 2020, 39(19): 226-233.

[43] 张龙飞, 陶忠, 潘文, 等. 山地掉层框架隔震结构振动台试验研究[J]. 建筑结构学报, 2020, 41(9): 24-32.

[44] 王丽萍. 山地建筑结构设计地震动输入与侧向刚度控制方法[D]. 重庆: 重庆大学, 2010.

[45] 中华人民共和国住房和城乡建设部. 混凝土结构试验方法标准: GB 50152—2012 [S]. 北京: 中国建筑工业出版社, 2012.

[46] 中华人民共和国住房和城乡建设部. 建筑抗震设计规范（2016 年版）: GB 50011—2010 [S]. 北京: 中国建筑工业出版社, 2016.

[47] 周明华. 土木工程结构试验与检测[M]. 南京: 东南大学出版社, 2010.

[48] 原朵仙, 马裕超. 混凝土结构动力模型重力失真效应分析[J]. 建筑结构, 2011, 41(S1): 1077-1078.

[49] 林树潮, 唐贞云, 黄立, 等. 振动台再现误差对试件响应的影响及修正方法[J]. 北京工业大学学报, 2017(1): 118-126.

[50] 赵作周, 管桦, 钱稼茹. 欠人工质量缩尺振动台试验结构模型设计方法[J]. 建筑结构学报, 2010, 31(7): 78-85.

[51] SCOTT B D, PARK R, PRIESTLEY M J N. Stress-strain behavior of concrete confined by overlapping hoops at low and high strain rates[J]. Journal of the American Concrete Institute, 1982, 79(1): 13-27.

[52] TAUCER F F, SPACONE E, FILIPPOU F C. A fiber beam-column element for seismic response analysis of reinforced concrete structures, UCB/EERC-91/17[R]. Berkeley: University of California at Berkeley, 1991.

[53] 曲哲, 叶列平. 基于有效累积滞回耗能的钢筋混凝土构件承载力退化模型[J]. 工程力学, 2011, 28(6): 45-51.

[54] YOUSSEF M, GHOBARAH A. Strength deterioration due to bond slip and concrete crushing in modeling of reinforced concrete members[J]. ACI Structural Journal, 1999, 96(6): 956-968.

[55] 孙治国, 司炳君, 郭迅, 等. 钢筋混凝土柱地震剪切-粘结破坏试验研究[J]. 工程力学, 2011, 28(3): 109-117.

[56] 蔡茂, 顾祥林, 华晶晶, 等. 考虑剪切作用的钢筋混凝土柱地震反应分析[J]. 建筑结构学报, 2011, 32(11): 97-108.

[57] MOSTAFAEI H, KABEYASAWA T. Axial-shear-flexure interaction approach for reinforced concrete columns[J]. ACI Structural Journal, 2007, 104(2): 218-226.

[58] RANZO G, PETRANGELI M. A fiber finite beam element with section shear modeling for seismic analysis of RC structures[J]. Journal of Earthquake Engineering, 1998, 2(3): 443-473.

[59] ELWOOD K J. Modelling failures in existing reinforced concrete columns[J]. Canadian Journal of Civil Engineering, 2004, 31(5): 846-859.

[60] 杨红, 张睿, 臧登科, 等. 纤维模型中非线性剪切效应的模拟方法及校核[J]. 四川大学学报（工程科学版）, 2011, 43(1): 8-16.

[61] 韩建平, 晁思思. 考虑轴-弯-剪耦合效应的钢筋混凝土柱滞回性能研究[J]. 世界地震工程, 2016, 32(2): 1-8.

[62] D'ARAGONA M G, POLESE M, ELWOOD K J, et al. Aftershock collapse fragility curves for non-ductile RC buildings: a scenario-based assessment[J]. Earthquake Engineering & Structural Dynamics, 2017, 46(13): 2083-2102.

[63] ELWOOD K J, MOEHLE J P. Dynamic collapse analysis for a reinforced concrete frame sustaining shear and axial failures[J]. Earthquake Engineering & Structural Dynamics, 2008, 37(7): 991-1012.

[64] 雷拓, 钱江, 刘伯权. 考虑非线性剪切效应的钢筋混凝土柱模型化方法及应用[J]. 土木建筑与环境工程, 2013, 35(4): 13-19.

[65] 李亚娥, 李志慧, 王栋. 平面不规则高层建筑结构在水平地震作用下的扭转效应与设计[J]. 甘肃科学学报, 2008, 20(4): 111-114.

[66] 中华人民共和国住房和城乡建设部. 混凝土物理力学性能试验方法标准: GB/T 50081—2019[S]. 北京: 中国建筑工业出版社, 2019.

[67] 全国钢标准化技术委员会（SAC/TC183）. 金属材料 拉伸试验 第 1 部分: 室温试验方法: GB/T 228.1—2021[S]. 北京: 中国建筑工业出版社, 2021.

[68] 蔡健, 周靖, 方小丹. 钢筋混凝土框架抗震位移延性系数研究[J]. 工程抗震与加固改造, 2005, 27(3): 2-6.

[69] 周晓燕. 山地建筑结构竖向不规则刚度控制方案的对比分析[D]. 重庆: 重庆大学, 2015.

[70] 中国工程建设标准化协会. 建筑结构抗倒塌设计标准：T/CECS 392—2021 [S]. 北京: 中国计划出版社, 2014.

结　束　语

本书内容揭示了山地掉层结构的动力特性和地震响应特征,阐释了掉层结构顺坡向平面模型和三维模型的地震破坏特征和破坏机理,并总结了其受结构布置相关参量的影响规律。基于山地掉层结构的地震破坏特征和破坏机理,从改变结构受力特征、降低上接地层刚度不均匀程度、提高上接地柱延性能力、降低上接地柱延性需求等的不同思路出发,作者了相应措施,并进行了分析与验证。主要研究结论可概括为以下几个方面。

(1)山地掉层钢筋混凝土框架结构的上接地层柱底首先出现塑性铰,梁端塑性铰发展充分,上接地柱达到一定程度破坏后掉层部分梁柱破坏加剧,表现出自上部结构到掉层部分的阶段式破坏过程。上接地层和相邻上层的破坏分布不均匀,且上接地柱屈服过程受扭转反应影响显著,角柱表现出受扭破坏特征;结构破坏最终集中于上接地柱端部,上接地柱的破坏程度对掉层部分影响较大,与等高基础嵌固的常规框架结构的破坏特征显著不同。掉层钢筋混凝土框架结构中,掉层部分将作为结构的后备抗震防线,且其沿横坡向破坏重于顺坡向。顺坡向的楼层剪力表现为显著的层间内力重分布,且各榀平面常规框架的顺坡向剪力在上接地层和相邻上层表现出明显的不均匀重分布。

(2)基于《建筑抗震设计规范(2016年版)》(GB 50011—2010)设计时,掉层RC框架结构模型D2K1顺坡向、横坡向的最大位移和层间位移角基本介于对应的常规RC框架结构模型F6、F4之间,除加载后期上接地构件的严重破坏使得其层间位移角大于常规RC框架结构。在横坡向,扭转作用的存在使得结构掉层侧位移始终大于上接地侧,且位移值与常规RC框架结构模型F6的位移接近。掉层框架结构并不总是弱于常规框架结构,其抗震性能是可期的。

(3)掉层部分及上接地层的刚度分布特征对山地掉层钢筋混凝土框架结构地震破坏的影响显著。名义掉层刚度比γ_{below}、名义层刚度比γ_{above}和名义层内刚度比γ_{intra}将影响结构掉层部分和上接地层构件的破坏。扭转效应将加剧结构掉层部分的梁柱、上接地最内侧梁柱在横坡向的破坏。

(4)水平接地构件在掉层部分顶层的设置将改变掉层结构的受力变形特征,从根本上改变了掉层RC框架结构的破坏机制。其设置限制了掉层部分的响应,减轻了掉层部分梁柱构件的破坏程度,上部结构的变形接近于常规框架结构。

(5)支撑在上接地层的设置可以提高掉层结构的整体刚度,协调各构件之间共同作用。上接地层增设支撑后,增强了地震承载力,支撑承担了该层绝大部分的地震力,同时非接地柱参与协同工作,转移了上接地柱的率先破坏和减轻了上接地柱的破坏程度。

(6)《山地建筑结构设计标准》(JGJ/T 472—2020)中对上接地柱和掉层部分柱及上接地层非接地柱的配筋加强显著提高了结构整体的承载力,有效控制了结构掉层部分及上接地柱的损伤程度;结构损伤上移且无显著薄弱层存在,具有更好的整体性。

（7）上接地柱底部设置双向滑动支座对于减弱掉层框架结构在地震作用下上接地柱的破坏情况有显著效果，但掉层部分及上部结构的构件损伤加重。设置双向滑动支座调整了原有结构的内力分布，改变了结构的破坏模式，对改善结构整体的抗震性能有利有弊。

本书的研究成果为山地掉层结构的抗震设计理论与实践提供了支撑。同时，作者清醒地认识到，本书的成果仍是阶段性的，还有待于后续研究的扩展、补充和改进。后续研究可体现在以下几个方面。

（1）山地掉层结构与基础、坡地地基的相互作用。本书的研究均假定结构在基础顶面嵌固，未考虑地震作用下山地掉层结构、基础、坡地地基相互作用的影响。实际工程中结构与桩、地基存在相互作用，且由于复杂的场地情况，这种相互作用将在场地稳定性、桩基础设计、结构设计方面产生影响，目前对各部分独立的设计可能会产生不利的影响，有必要进行结构-桩-土相互作用的试验研究及数值模拟研究。

（2）山地掉层结构的扭转效应。山地掉层结构中存在难以避免的扭转效应，但目前对其研究尚不够深入。此前的研究中以周期比来控制其抗扭刚度不致过小，但对偏心率较大的掉层框架结构，此指标并不合适，研究中发现除偏心率 e/r 外，结构的扭转刚度对其扭转效应的影响也不容忽视，如何衡量结构是否有足够的抗扭刚度仍待研究。

（3）合理的表征参数。山地掉层结构布置相对复杂，而对于如何表征其结构布置仍尚未达成共识。

（4）特殊受力节点的试验研究。目前针对掉层结构的试验均以研究掉层框架结构的整体抗震性能为主，构件损坏为辅，难以准确的体现出上接地部分特殊受力节点的破坏机制。开展特殊受力节点的拟静力试验研究或混合试验研究，可对改进特殊受力节点的抗震设计提供更为有力的依据。